最恐昆虫大百科
さいきょうこんちゅうだいひゃっか
JN223992
学研

もくじ

熱帯雨林の章 … 079

砂漠の章 … 115

水辺の章 … 125

町のまわりの章 … 141

昆虫とは…?

昆虫は、無脊椎動物（背骨のない生き物）のうち、かたい殻（外骨格）と節でわかれた体をもつ「節足動物」のなかまだ。その節足動物のなかで、陸上で最も栄えているのが昆虫というグループだ。

3つにわかれる体

昆虫の体は、頭、胸、腹の3つにわかれている。頭には小さな目が集まった複眼や単眼、触角などがあり、胸からはあしやはねが出ている。

頭

胸

触角

◀オオスズメバチの頭。複眼でまわりを見て、単眼で明るさを感じる。

4枚のはね

ほとんどの昆虫の成虫は2対4枚のはねがあり、空を飛ぶことができる。無脊椎動物のなかで、飛べるのは昆虫だけだ。

平均こん

▲飛ぶヒラタアブのなかま。ハエやアブなどのなかまは2枚の前ばねだけがのこり、後ろばねは退化して棒のようになっている（平均こん）。そのはたらきについては、まだよくわかっていない。

6本のあし

ほとんどの昆虫は、胸から3対6本のあしが出ている。あしは歩くために使うほか、えものをつかまえたり、土をほったりするのに使うものもいる。

昆虫以外の節足動物

▲トビズムカデ。ムカデの体は、頭部と長い胴部にわかれる。頭部には1対2本の触角があり、胴部にはたくさんのあしがある。

▲アシダカグモ。クモの体は頭胸部と腹部にわかれ、あしは8本だ。単眼はあるが、複眼はない。また、触角のかわりに触肢という短いあしのような器官がある。

昆虫大変身

昆虫は皮をぬぎすて（脱皮）、すがたを変えながら成長する。これを「変態」という。幼虫と成虫で大きくすがたが変わるもの、幼虫と成虫がほぼ同じすがたのものなど、変態にはいくつかのパターンがある。

完全変態

チョウやカブトムシなどは、幼虫から成虫になる前にさなぎになる。ふつう、さなぎは動かず、何も食べずに体を大きくつくりかえ、羽化して成虫になる。このような、さなぎになる変態を「完全変態」という。

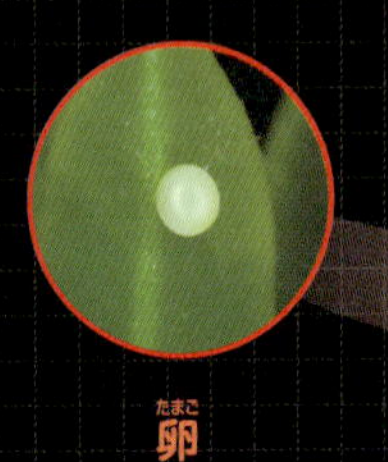

卵

3齢幼虫
（2回脱皮した幼虫）

不完全変態

カマキリやバッタなどの幼虫は、卵からかえった（ふ化）ときから成虫とほぼ同じすがただ。幼虫のはねは小さく、飛ぶことはできない。幼虫は脱皮しながら大きくなり、さなぎにならずに羽化して成虫になる。このような、さなぎにならない変態を「不完全変態」という。

卵からかえったばかりの幼虫

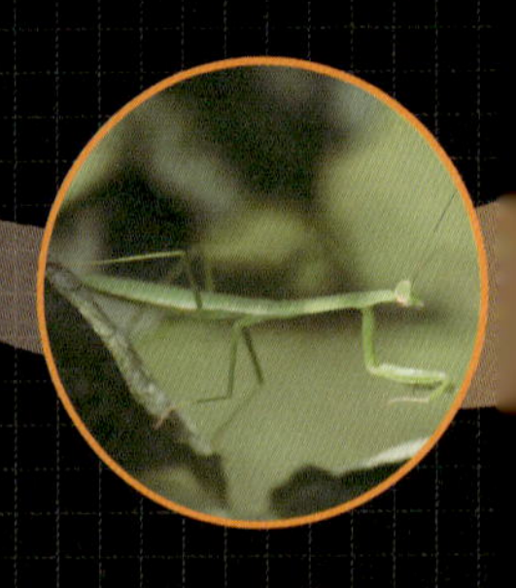

何度か脱皮した幼虫

▼ナミアゲハの成長。幼虫のときはいもむし型で、さなぎの中でチョウのすがたに変わって出てくる。幼虫も成長とともに色や形が変わる。

成虫

さなぎ

終齢幼虫
（さなぎになる前の幼虫）

成虫

▲カマキリの成長。ふ化したときから成虫とほぼ同じすがたで、かまのような前あしをもつ。

無変態

シミやイシノミなど原始的な昆虫は、幼虫も成虫もはねのない同じすがたをしている。ほかの昆虫は成虫になると脱皮しなくなるが、これらは成虫になっても脱皮を続ける。このような変態を「無変態」という。

▲ヤマトシミ

えものをとらえる武器

肉食の昆虫のなかには、生きている虫などをとらえて食べるものがいる。それらは、動くえものをつかまえやすいように、体が強力な武器に変わっている。

大あご

ハンミョウやアリジゴク（ウスバカゲロウの幼虫）などは、大きくするどい大あごでえものをはさんでとらえる。また、アリジゴクは大あごの先をえものにつきさし、そこから消化液を流しこむ。

▼するどい大あごでえものをがっちりつかまえるナミハンミョウ

あし

カマキリやタガメなどは、えものが近づくと、かまのような前あしですばやくつかむ。また、キリギリスなどは、長くするどいとげが生えたあしで、えものをおさえつけてとらえる。

▲かまですばやくえものをとらえたカマキリ

毒針

ハチの毒針は産卵管が変化したものだ。狩りバチは、えものに針をさして毒を流しこみ、体の自由をうばう。とらえたえものは、自分が食べるわけではなく、幼虫のえさにする。

▶カラスアゲハの幼虫に卵を産みつけるアゲハヒメバチ

身を守るくふう

昆虫は、ほかの昆虫やクモ、鳥をはじめ、さまざまな敵にねらわれている。それらに食べられないように、おどろくほどいろいろな方法で身を守っている。

だます

多くの昆虫は、草や木などの中で見つかりにくい色やもようをしている。なかには、すがたが木の葉や枝、毒をもつほかの昆虫などにそっくりなものもいて、敵をだまして身を守っている。

おどかす

チョウやガの幼虫や成虫のなかには、大きな目玉もようを見せて敵をおどすものがいる。鳥などは、これをワシや肉食動物の目だと思ってひるむという。

▲ヤママユガのなかまは、危険を感じるとパッとはねを開いて後ろばねの大きな目玉もようを見せる。

武器を使う

カメムシやツチハンミョウなどは、おそわれるとくさいしるや毒液を出して身を守る。また、ドクガの幼虫は毒の毛、スズメバチなどは強力な毒針をもつが、えものをとらえるためではなく、自分の身を守るためのものだ。

▶ミイデラゴミムシは、おそわれると腹の先から約100℃の熱くてくさいガスをふきかける。

◀色も形も木の葉にそっくりな昆虫は多い。コノハムシ（写真）は、すがただけでなく、葉が風にゆれるようすもまねする。

地球は昆虫の星!?

昆虫のなかまは、海をのぞいて地球上のあらゆるところに生息している。そしてその種類は、わかっているだけで約100万種もいる。地球上の全動物の実に4分の3が昆虫なのだ。まだ見つかっていないものもふくめると、昆虫は1000万種以上になるといい、まさに地球は昆虫の星といえるだろう。

昆虫のなかまわけ

昆虫は約4億年前に地球にあらわれ、とても長い時間をかけて100万種以上にわかれていった。体の特ちょうや変態のしかたなどから、約30のなかま（目）にわけられている。

不完全変態
折りたためるはね

無変態
はねがない

不完全変態
折りたためないはね

完全変態
折りたためるはね
ハエ目
ノミ目
シリアゲムシ目
チョウ目
トビケラ目
ネジレバネ目
コウチュウ目
カジリムシ目
ハチ目
カメムシ目
アミメカゲロウ目

この本の見方

なかま分け

その昆虫がどのなかまかをあらわしています。

名前

その昆虫の名前。グループ名などの場合もあります。

「最恐」度（すがた・くらし・武器）

すがた（見た目の特異さ）、くらし（生態のめずらしさ）、武器（武器の強さ）を5段階でしめしています。中心から遠いほど「最恐」度が高くなります。

成長のしかた

成長（変態）のしかたをそれぞれアイコンであらわしています。

完全変態
幼虫、さなぎ、成虫という段階で成長します。ハチのシルエットであらわしています。

不完全変態
幼虫からさなぎにならずに成虫になります。カマキリのシルエットであらわしています。

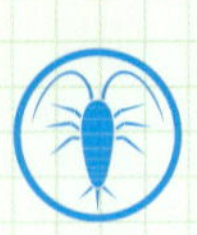

無変態
幼虫も成虫も同じすがたで、成虫になっても脱皮を続けます。シミのシルエットであらわしています。

その他節足度物
クモやムカデなど、昆虫以外の節足動物です。クモのシルエットであらわしています。

生息地

その昆虫がすむ、おおよその地域を示しています。

大きさ

人間のてのひらを180㎜（18㎝）として、昆虫のおおよその大きさをくらべています。10㎜以下の小さな昆虫は、実物大であらわしています。

大きさのはかり方

- **全長**：角や大あごなどをふくめた頭から腹までの長さ
- **体長**：頭から腹までの長さ
- **開張**：はねを広げた長さ

草原の章

草花のおいしげる草原には、草を食べる昆虫や草にかくれる昆虫、それらをおそう肉食昆虫など、さまざまな昆虫がすんでいる。身近な草原でも注意深く観察すると、その恐るべき世界をのぞき見ることができるかもしれない。

カマキリ目

えものをおびきよせる「悪魔の花」

ニセハナマオウカマキリ

敵が近づくとかまを高くふりかざし、派手なもようを見せておどす。緑色の背中や腹を葉や茎、白い胸を花とかんちがいしたハエなどをおびきよせてとらえる。幼虫のころは茶色い体で枯れ葉に擬態している。

おす

前あしのかまの力はあまり強くない。

広い胸の白い部分は、チョウなどの目には色がついて見える。

生息地　アフリカ東部

大きさ　体長 100～130㎜

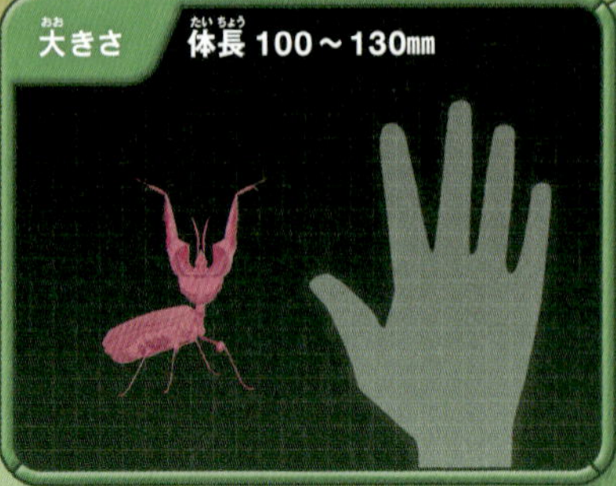

えものをとらえたニセハナマオウカマキリのめす。
うかつに近づいた昆虫が、魔王のえじきになる。

バッタ目

毒のあわを出す派手なバッタ

キイロトゲムネバッタ

毒のある草を食べて体に毒をためこみ、危険を感じると胸から毒のあわを出して身を守る。派手な色のはねは毒をもっているしるしで、おそわれるとパッと開いて敵をおどす。

はねや体の派手な色で、毒をもっていることを知らせている。

危険を感じると胸から毒のあわを出す。このバッタのなかまを食べて死んだ子どももいるという。

生息地　マダガスカル

大きさ　体長 約70㎜

バッタ目

土をほり、空を飛び、水面を泳ぐ

ケラ

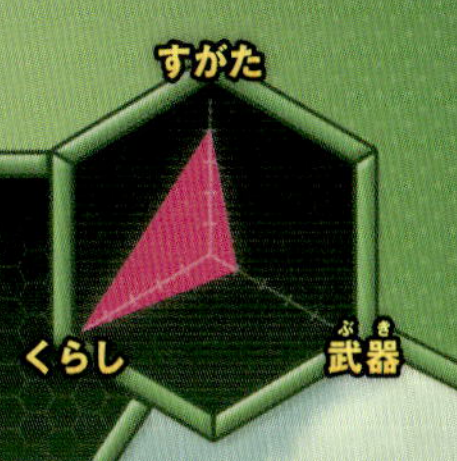

モグラのように大きな前あしでトンネルをほってくらす。ふだんは地中にいるが、空を飛ぶのも水面を泳ぐのもとくいだ。バッタのなかまではめずらしく、子育てをすることでも知られる。

大きな後ろばねを広げて飛ぶ。また、スズムシなどのように、前ばねをこすりあわせて鳴く。

おそわれると腹の先からくさい液を出す。

全身に生えた細かい毛は、地中や水面を移動するときに役立つ。

シャベルのような大きな前あしで土を上手にほり、水をかいて泳ぐ。

生息地 日本全土、熱帯アジア、ヨーロッパ、アフリカ北部、オーストラリア

大きさ 体長 30～35㎜

ハチ目

腹にたっぷりみつをためこむ

ミツツボアリ

砂漠のまわりの乾燥地帯にすむアリ。食べ物の少ない時期にそなえて、大型の働きアリが「生きた貯蔵庫」となり、なかまが集めてきたみつを腹（そのう）にためこむ。

みつをためこんだアリはタンクアリとよばれる。巣の天井にぶら下がったまま一生をおくる。

なかまが集めてきたみつを口移しで受け取り、食べ物の少ない時期に、みつを口から出してなかまにあたえる。

体長12㎜ほどだが、みつをためこむと腹だけで直径約10㎜にもなる。

生息地 オーストラリア、北アメリカ、アフリカ北部、アフリカ南部、メラネシア

大きさ 体長 約12㎜

巣の中のミツツボアリ。
食べ物が少ない時期をのりきれるのは、タンクアリのおかげだ。

大あごと毒針で敵をおそう殺人アリ

ブルドッグアリ

長くするどい大あごで敵にかみつき、何度も毒針でさす。毒はとても強く、10回以上さされると人間の大人でも死ぬことがあるという。オーストラリアにはブルドッグアリのなかまが約80種いる。

のこぎりのような長くするどい大あごで敵にかみつく。

ユーカリの木のみつやしるを食べるかわりに、ユーカリにつく害虫を追い払う。

ハチと同じように腹の先から毒針を出す。

生息地　オーストラリア

大きさ　体長 14～26㎜（働きアリ）

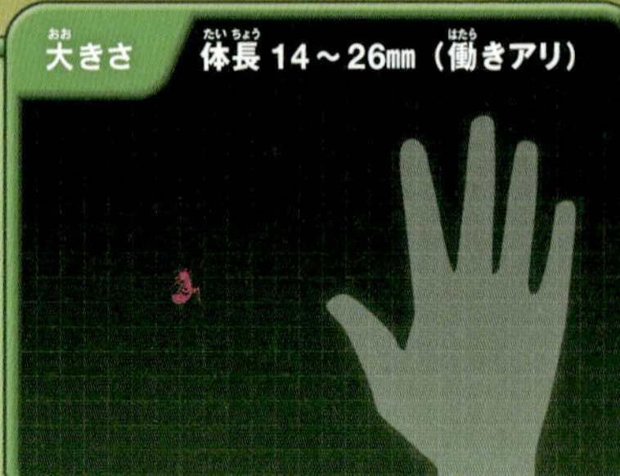

ハチ目

アリそっくりなハチ

ミカドアリバチ

めすにははねがなく、アリそっくりのすがたですばやく地面を歩きまわる。マルハナバチのまゆに長い産卵管をつきさして卵を産み、かえった幼虫はマルハナバチのさなぎや幼虫を食べて育つ。

産卵管は毒針になっていて、人がうっかりさされると痛む。

めすにははねがなく、歩いて移動する。

めす

生息地 日本（本州、四国、九州）

大きさ 体長 11～13㎜

恐るべき昆虫の世界 ①

そっくり昆虫大集合！

昆虫のなかには、同じなかまどうしはもちろん、ちがうなかまなのに、色やもようがそっくりなものがいる。それらは、毒をもつ昆虫のふりをすることで、天敵の鳥などから身を守っているのだ。

派手なもようは毒のしるし

毒や毒針などをもつ昆虫は、派手な色やもようで、毒があることをまわりに知らせている。そのため、同じような色やもようの昆虫は、毒をもっていなくても敵におそわれにくくなる。

▲自分や巣に近づく敵を、強力な毒針で攻撃するオオスズメバチ。

◀カミキリムシのなかまオオトラカミキリ。

▲アブのなかまオオハナアブ。

◀ガのなかまセスジスカシバ。

そっくりなチョウ！

▲体に毒をもつカバマダラ。

▲ツマグロヒョウモン（めす）。

▲メスアカムラサキ（めす）。

テントウムシにそっくり！

▲ハムシのなかま
クロボシツツハムシ。

▶危険を感じると、あしから
毒を出すテントウムシ。

太陽の神とあがめられたフンコロガシ

ヒジリタマオシコガネ

すがた
くらし
武器

頭と前あしで、動物のふんを丸めてふん玉をつくり、逆立ちして転がしながら巣穴に運ぶ。古代エジプトでは太陽の神の化身としてあがめられた。

後ろあしでふん玉をけって転がす。

こてのような前あしでふんをこねて丸める。

シャベルのような頭でふんをすくいとる。

生息地　地中海沿岸

大きさ　体長 約30mm

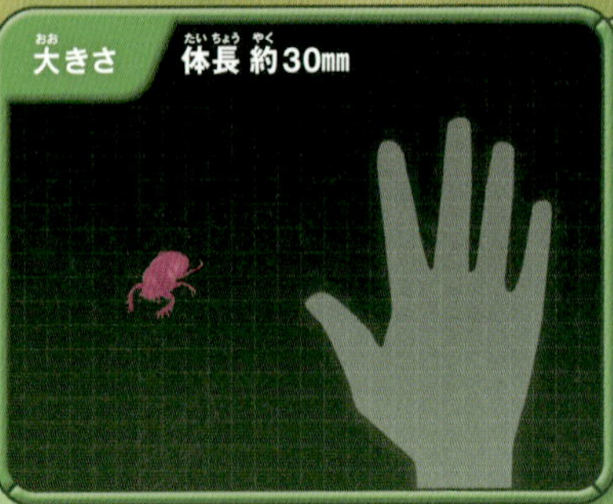

ふん玉を転がすヒジリタマオシコガネ。
転がしたふん玉は、幼虫を育てる場所になる。

コウチュウ目

ゾウのふんで大きな玉をつくる

オウサマナンバンダイコクコガネ

すがた
くらし
武器

世界一大きな「ふん虫（動物のふんを食べるコガネムシ）」。アジアゾウのふんを地下の巣穴に運びこみ、直径20㎝もの大きなふん玉をつくる。めすはこのふん玉に卵を産み、幼虫はその中でふんを食べて成虫になる。

胸にカブトムシのような角がある。

シャベルのような頭でふんをすくいとる。

大きく平たい前あしでふんの下などに巣穴をほる。

生息地　東南アジア～インド

大きさ　体長 約68㎜

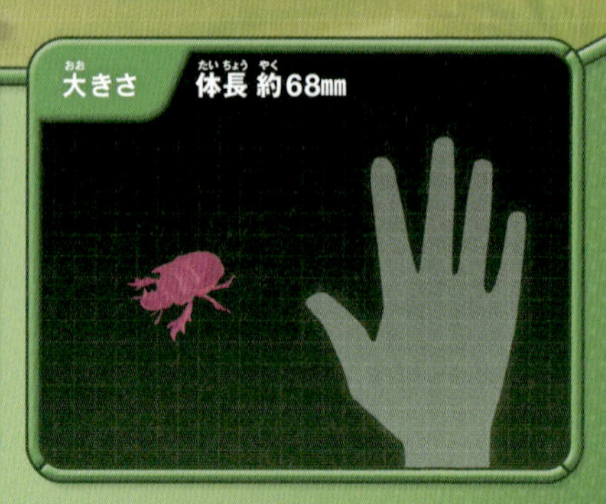

コウチュウ目

卵から成虫まで毒をもつ「やけど虫」

アオバアリガタハネカクシ

くらし

すがた

武器

田畑のまわりなどによく見られ、夏になるとあかりに向かって飛んでくる。体液に毒があり、つぶしたりして人の皮ふにつくと、やけどしたようなミミズばれができる。そのため「やけど虫」ともよばれる。

飛ばないときは、小さな前ばねの下に後ろばねを折りたたんでいる。

肉食で、農作物につく害虫も食べるので、益虫ともされる。

卵から成虫まで、体液に毒がふくまれている。

生息地 アメリカ大陸をのぞく世界各地

大きさ 体長 約7mm

コウチュウ目

たくさんの卵を産む毒虫

マルクビツチハンミョウ

すがた
くらし
武器

一度に千個以上の卵を産み、かえった幼虫はハナバチの巣の中でハチの卵や花粉だんごを食べて育つ。卵をかかえためすは、はねがなく動きもおそいが、あしの関節から毒液を出して身を守る。

大きな腹に千個以上の卵をかかえている。たくさん産んでも成虫になれるのはごくわずかだ。
はねは退化していて飛ぶことはできない。
危険を感じると死んだふりをして、関節から毒液を出す。人が毒液にさわると水ぶくれができる。

生息地 日本(北海道〜九州)、サハリン、朝鮮半島、中国東北部

大きさ 体長 12〜30㎜

千個以上の卵（①）からかえった幼虫は、
花にのぼってハチを待ち（②）、
やってきたハチにくっついてその巣へ入りこむ（③）。

成虫にならずになかまを守る

兵隊アブラムシ（タケツノアブラムシ）

すがた
くらし
武器

タケツノアブラムシの幼虫には、ふつうのものと、群れを守る「兵隊アブラムシ」の2種類がいる。兵隊アブラムシは前あしが大きく、頭の角で敵を攻撃する。ふつうの幼虫とちがって成虫にならず、卵を産むこともない。

大きな前あしで敵にしっかりしがみつく。

2本の角で敵の卵や幼虫をつきさす。

生息地　日本全土

大きさ　体長 約1.5mm

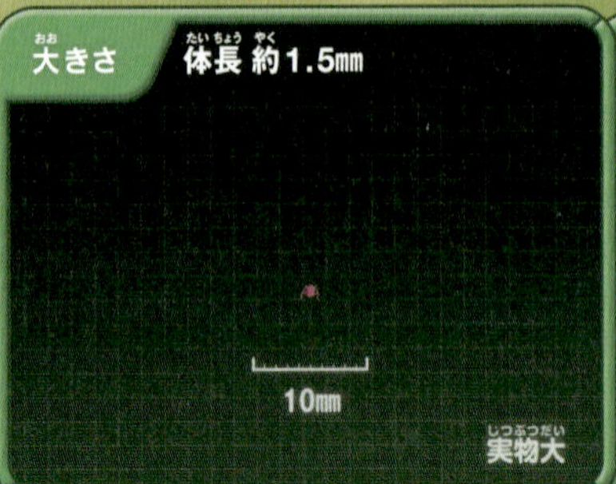

兵隊アブラムシをもつアブラムシの一種。
肉食性のアブの幼虫を兵隊アブラムシが攻撃している。

ハエ目

力強く飛んでえものをとらえる

シオヤアブ

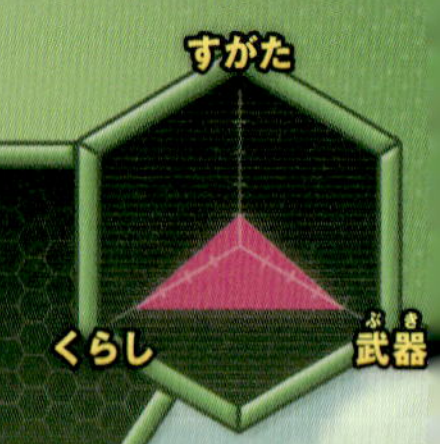

肉食のアブ。すばやく飛びながらほかの昆虫をとらえ、ストローのような口をつきさして体液を吸う。自分より大きなセミなどもおそう。

えものをすばやく見つける大きな目。

はねやあしを動かす筋肉がよく発達している。

太く長い口をえものにつきさして体液を吸う。

とげのついた太いあしで、自分より大きなえものもがっちりとらえる。

生息地　日本全土、朝鮮半島

大きさ　体長 23～30㎜

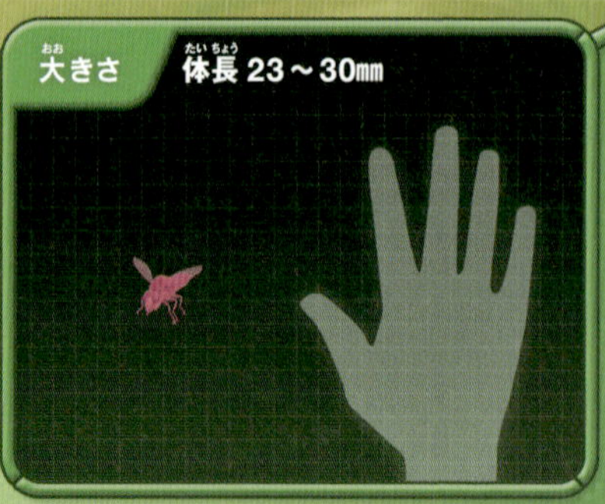

シオヤアブに近いなかま、サキグロムシヒキの狩り。
自分より大きなトンボでもとらえてしまう。

クモ目

猛毒をもつ日本産のクモ

カバキコマチグモ

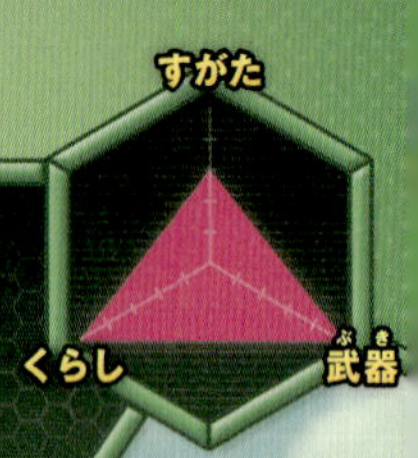

夜になると歩きまわってえものにかみつき、毒でまひさせて食べる。日本産のクモのなかでいちばん強い毒をもち、人がうっかりかまれる事故が多い。めすはススキの葉を巻いて巣をつくり、その中に卵を産む。

子育ての最後に、めすは自分の体液を子どもに吸わせ、死んでしまう。

おす

長い牙でえものにかみつき、毒を流しこんでまひさせる。人がかまれると針でさされたように痛み、頭痛やはき気がすることもある。

生息地　日本（北海道～九州）

大きさ　体長 10～15㎜（おす）、体長 18～20㎜（めす）

カバキコマチグモの巣（上）と中のようす（下）。
子育て中のめすはとても気があらいので要注意だ。

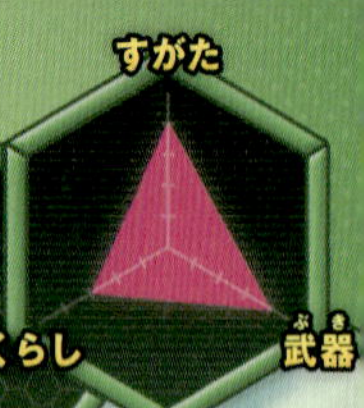

恐ろしい病気をうつす吸血鬼

タカサゴキララマダニ

草むらなどでまちぶせし、動物や人に口をつきさして血を吸う。危険な病気をうつすこともあり、日本でも死者が出ている。

血を吸うと、もとの何倍も体がふくらむ。

皮ふを切りつけ、ストローのような口をさしこんで血を吸う。

生息地 日本（関東地方以南の本州〜南西諸島）、中国、東南アジア

大きさ 体長 約5㎜（吸血後約25㎜）

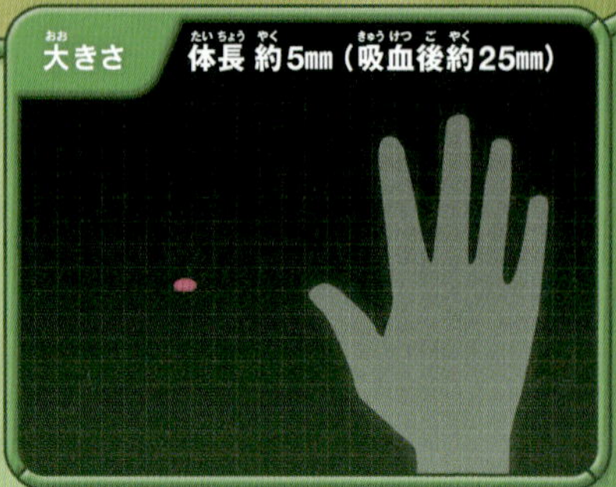

タカサゴキララマダニに近いなかまの、
吸血前（右上）と吸血後（下）のようす。
体重はもとの100倍以上にもなる。

世界を救う!? 昆虫食

　昆虫を食べると聞くと、顔をしかめる人も多いだろう。だが、日本でも昔から、イナゴやはちのこ（クロスズメバチなどの幼虫やさなぎ）などが食べられてきた。今も郷土料理として食べている地域もある。
　また、東南アジアや中国などでは、ごくふつうの食材として、市場でタガメやガの幼虫などが売られている。
　栄養たっぷりの昆虫は、このような伝統的な食料として以外にも、将来の世界的な食料不足問題を解決する食材として、大いに期待されているのだ。

▲タイの屋台。ガの幼虫やバッタなど、さまざまな昆虫を揚げるなどしたものがスナックとして売られている。

▲フランスで養殖された食用コオロギ。エビのような味と食感を楽しめる。

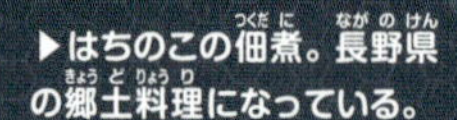

▶はちのこの佃煮。長野県の郷土料理になっている。

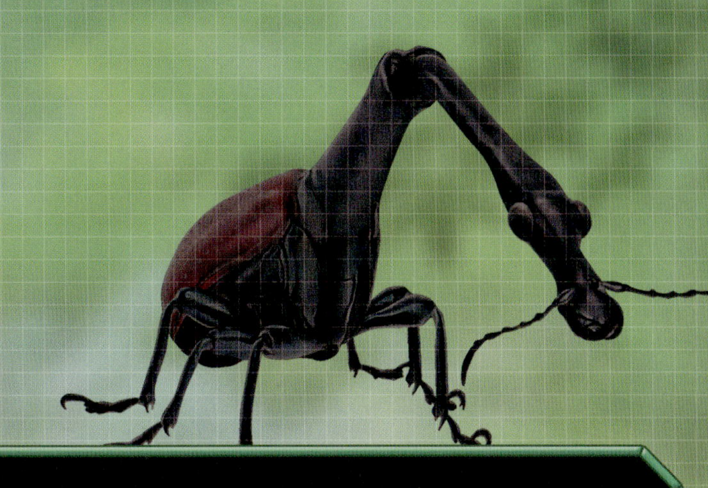

森林の章

森林には、樹液や実を食べる多くの昆虫がくらす。かわったくらしをする昆虫や、恐るべき狩りの技を持つ昆虫が、その技や特ちょうをいかして、生き残るためのたたかいを日々くりひろげている。

コウチュウ目

美しくどうもうなハンター

ナミハンミョウ

えものを見つけると、すばやく走りよってするどい大あごでつかまえる。その一方で、美しいすがたと、人が歩くのにあわせて道案内をするように飛ぶようすから「ミチオシエ」とよばれて親しまれている。

長いあしですばやくえものに近づくことができる。
大きな目でいちはやくえものを見つける。
強大な大あごで、ほかの虫にかみつき、消化液でとかしてのみこむ。

生息地 日本（本州、四国、九州）

大きさ 体長 18～20㎜

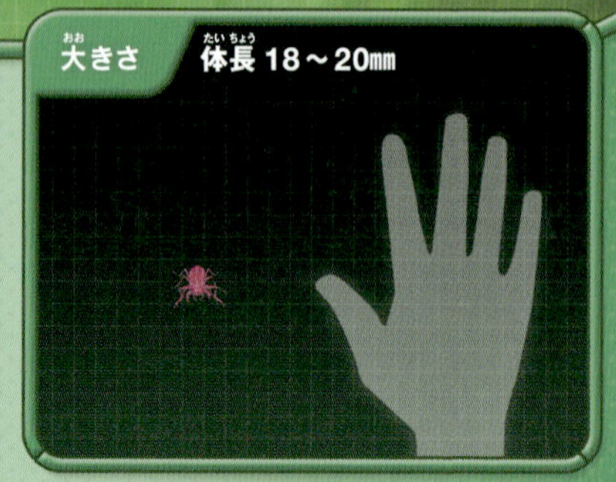

ハンミョウのなかま、
ニワハンミョウの幼虫の巣穴

えもの

えものにおそいかかるハンミョウのなかまの幼虫。
ハンミョウのなかまの幼虫は、
巣穴をほってまちぶせる方法で狩りをする。

コウチュウ目

恐怖のカタツムリハンター

マイマイカブリ

すがた
くらし
武器

細長い頭と胸をカタツムリの殻につっこみ、その肉をとかしてすする。カタツムリのほかに、ほかの虫やミミズなども食べる。日本だけにすむ昆虫で、地域によって体の色などがちがっている。

危険を感じると、しりからとてもくさい液をふき出す。人の皮ふにつくとヒリヒリと痛くなる。

頭と胸の間が自由に曲がるので、カタツムリの殻の中の肉を食べ進んでいきやすい。

大あごでえものをとらえ、だ液でとかしながら食べる。

生息地　日本（北海道～九州）

大きさ　体長 30～70㎜

カタツムリをおそうマイマイカブリ。
カタツムリが体を殻の中にひっこめても、
細長い頭と胸をおくまでつっこみ、食べてしまう。

コウチュウ目

光って進むすがたは電車のよう

鉄道虫

ホタルに近いなかま。めすは幼虫のすがたのまま成虫になり、体の両側と頭を光らせる。光るのはめすだけで、光で敵をおどしたり、おすをよびよせたりすると考えられている。

体をくねらせてすばやく動く。

めす

頭は赤く明るく光る。

各体節の両側が光る。

生息地　ブラジル

大きさ　体長 約30㎜（めす）

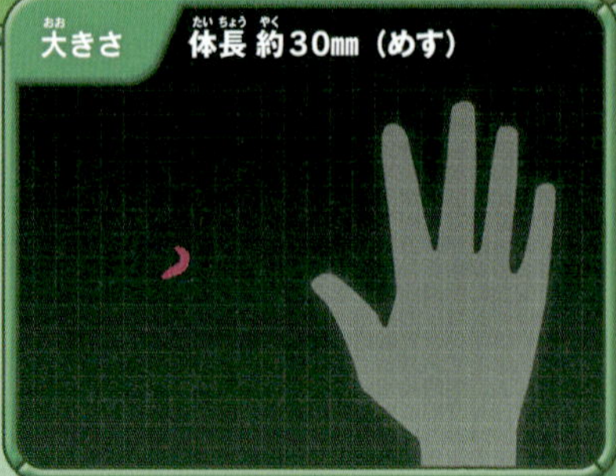

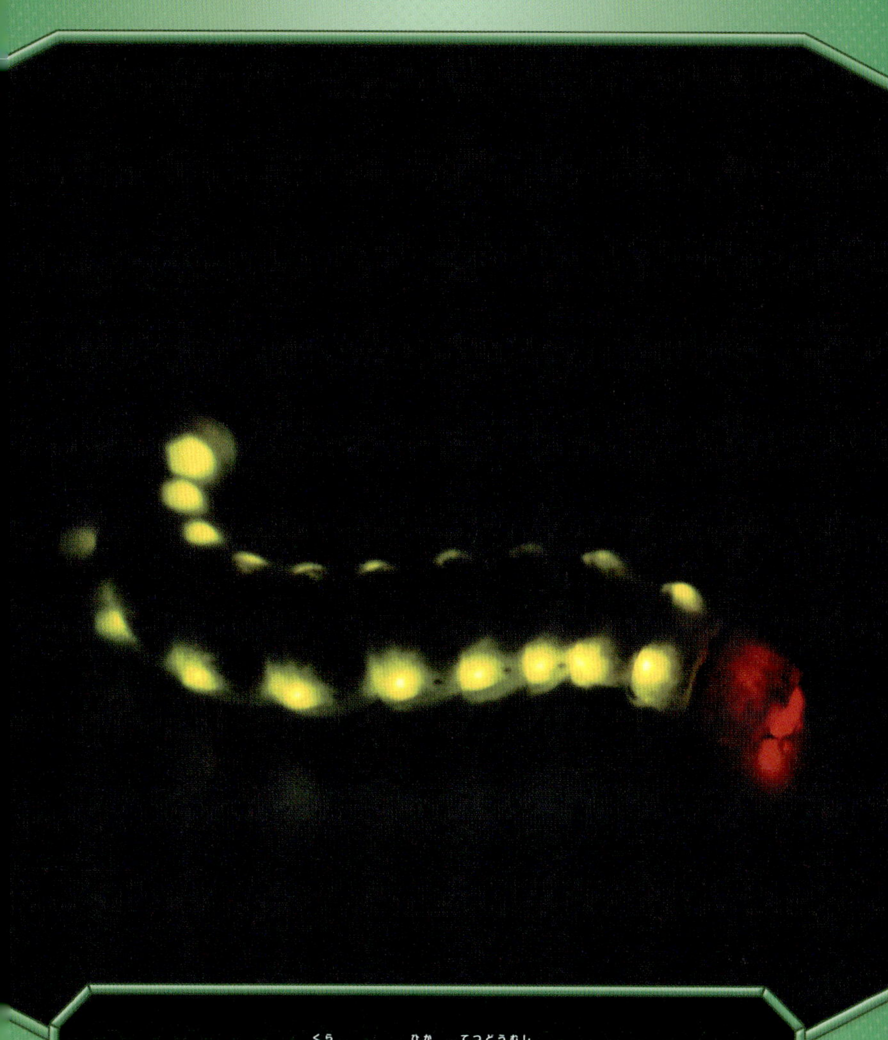

暗やみで光る鉄道虫。
そのすがたはまさに昆虫界の夜行列車だ。

コウチュウ目

日本最大の甲虫

ヤンバルテナガコガネ

すがた

くらし

武器

体長6㎝以上になることもある日本最大の甲虫。おすの前あしは8～9㎝もあり、この長い前あしでおす同士が戦ったり、めすに求愛したりする。沖縄島北部の「山原」とよばれる原生林だけにすむ。

おす

体長よりも長い前あし。前あしが長いのはおすだけだ。

生息地 日本（沖縄島北部）

大きさ 体長 47～62㎜（おす）

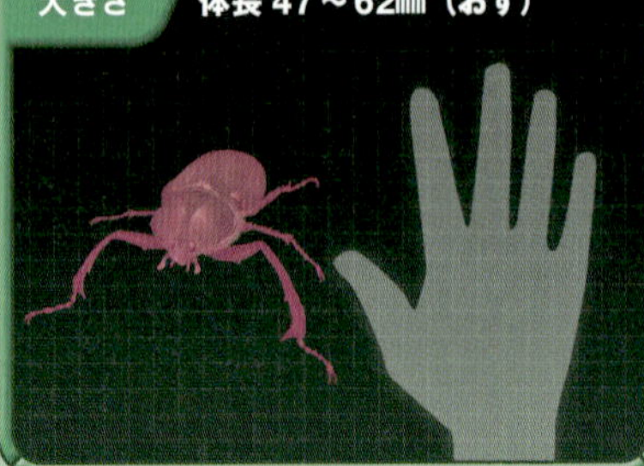

キリンのような長い「首」をもつ

キリンクビナガオトシブミ

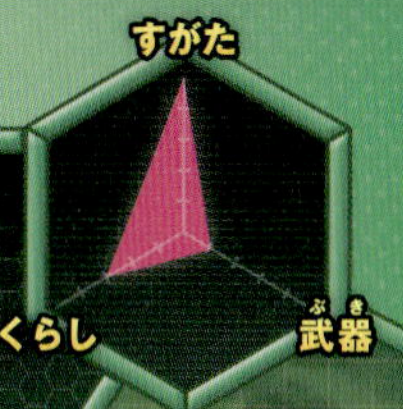

めすが木の葉を巻いた筒に卵を産むオトシブミのなかま。おすの頭と胸はキリンの首のようにとても長く、頭と胸が長いほどめすにもてると考えられている。

細長い頭と胸。おす同士は頭と胸の長さ比べをしてめすをうばいあう。

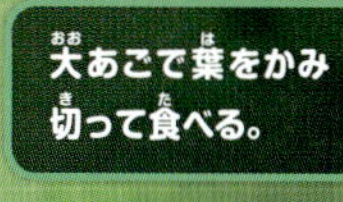

生息地 マダガスカル

大きさ 体長 14～22㎜

コウチュウ目

クリに穴をあけるゾウのような昆虫

クリシギゾウムシ

長く発達した口のつけ根（吻）がゾウの鼻のように見える、ゾウムシのなかま。めすは体長の半分もある長い吻でクリの実に穴をあけ、その中に卵を産む。

めすの方がおすより吻が長い。成虫はおもに植物を食べるが、長い吻をほかの虫につきさして食べることもあるという。

吻の先に大あごがあり、長い吻をきりのように動かして、かたいクリの実に穴をあける。

生息地 日本（本州、四国、九州）、中国、インド

大きさ 体長 6～10㎜

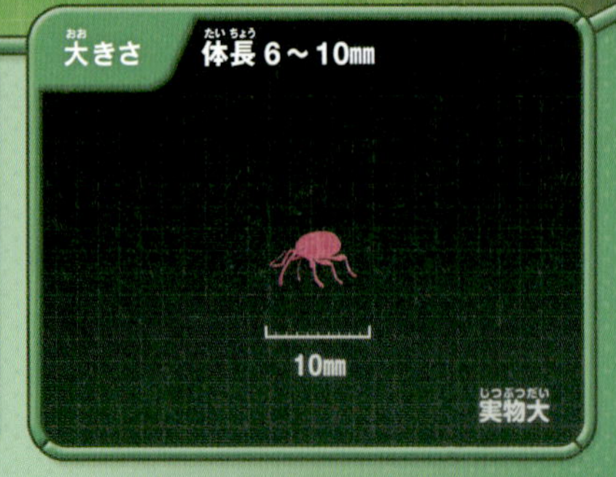

クリから出てきたクリシギゾウムシの幼虫。
近いなかまに、どんぐりに卵を産む
コナラシギゾウムシなどがいる。

ハチ目

長い産卵管をもつ

ウマノオバチ

めすは体長の8～9倍の長さの産卵管を木の穴にさしこみ、中にいるカミキリムシの幼虫に卵を産みつける。卵からかえった幼虫は、カミキリムシの幼虫を食べて育つ。

体長は2cmほどだが、産卵管もふくめた全長は日本の昆虫のなかでいちばん長い。

長さ16cm以上の産卵管。カミキリムシの幼虫の巣穴を探してさしこむ。

生息地　日本（本州、四国、九州）、台湾

大きさ　体長 15～24mm

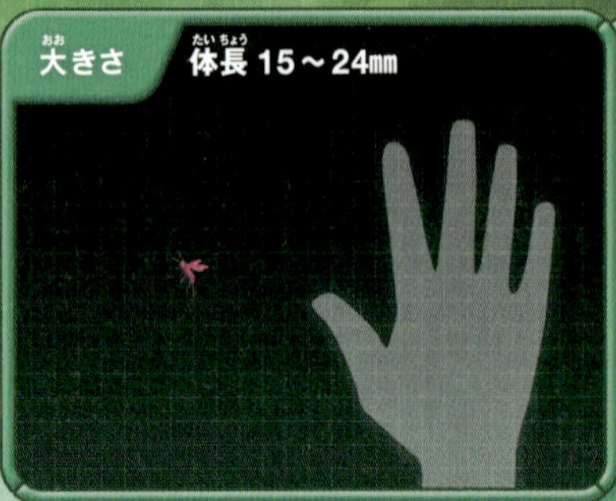

チョウ目

ヘビそっくりになるガの幼虫

ビロードスズメ（幼虫）

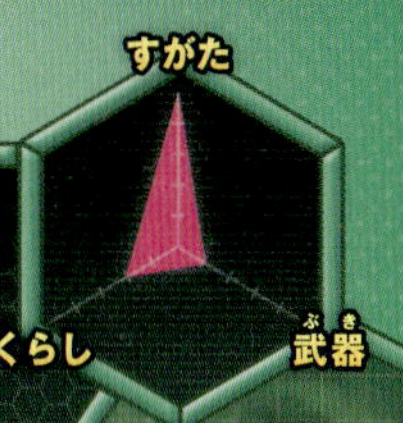

スズメガのなかまの幼虫。危険を感じると頭と胸を縮め、胸の目玉もようを大きく見せて敵をおどす。天敵の鳥などは、そのヘビそっくりなすがたにおどろいておそうのをやめるという。

生息地　日本（本州、四国、九州）、台湾、朝鮮半島、中国、シベリア

大きさ　体長 約75㎜（終齢幼虫）

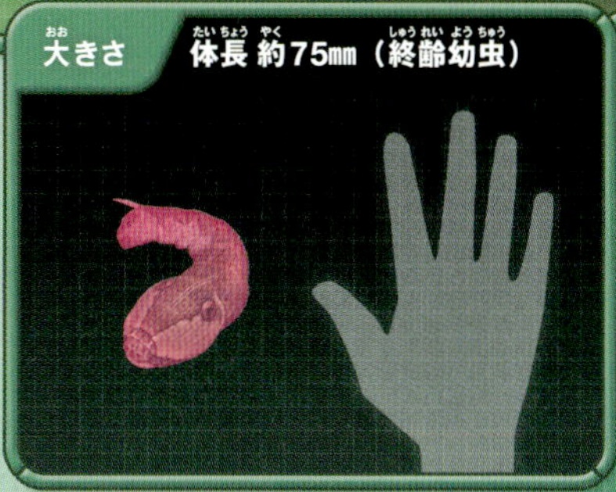

待ちぶせて狩りをするシャクトリムシ

ハエトリナミシャク（幼虫）

すがた
くらし
武器

小枝に化けてえものを待ちぶせ、飛んできた小バエなどをすばやくつかまえて食べる。狩りをするハエトリナミシャクのなかまは10種以上いるが、すべてハワイ諸島だけで見られる。

体を起こして枝にとまっているすがたは、小枝にそっくりだ。

爪の生えた大きなあしで、近づいてきたえものをすばやくがっちりつかまえる。シャクガの幼虫はシャクトリムシとよばれるが、虫を狩るシャクトリムシは、このなかまだけだ。

生息地　ハワイ諸島

大きさ　体長 約40㎜（終齢幼虫）

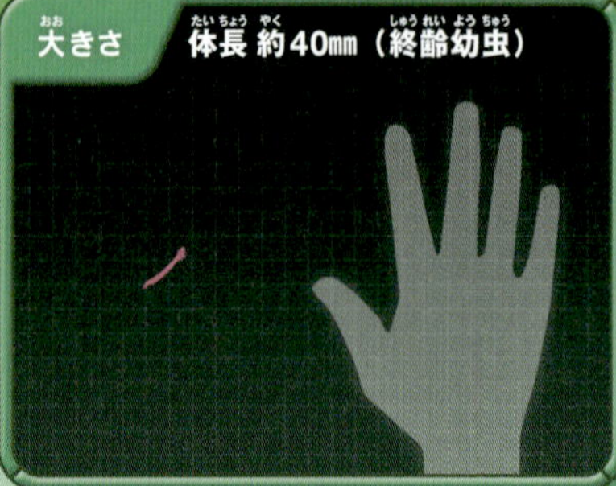

えものをとらえたハエトリナミシャクのなかま。
まわりにとけこみ、近付いたえものにおそいかかる。

チョウ目

目玉もようで身を守る

アケビコノハ（幼虫）

ガの幼虫でアケビなどの葉を食べる。危険を感じると体を丸めて、おしりを上げ、背中の大きな目玉もようを目立たせて敵をおどす。

体を丸めると目玉もようが目立ち、天敵の鳥などをひるませる。

本当の目。

生息地 日本全土、中国、台湾、東南アジア～インド

大きさ 体長 約75㎜（終齢幼虫）、開張 95～105㎜（成虫）

アケビコノハの成虫。枯れ葉にそっくりな前ばねを開くと、後ろばねの大きな目玉もようがあらわれる。

チョウ目

長距離移動する毒チョウ

オオカバマダラ

毎年秋になると北アメリカから約4000㎞も移動し、メキシコの決まった森に数千万から数億頭が集まって冬を越す。春になると北上して北アメリカ各地に散らばっていく。幼虫から成虫まで毒をもっている。

幼虫のときに毒草（トウワタ）を食べて、毒を体内にためる。

はねのオレンジと黒のもようで毒があることを知らせている。

生息地　北アメリカ～南アメリカ北部、西インド諸島、オーストラリア、ニュージーランドなど

大きさ　開張 約100㎜

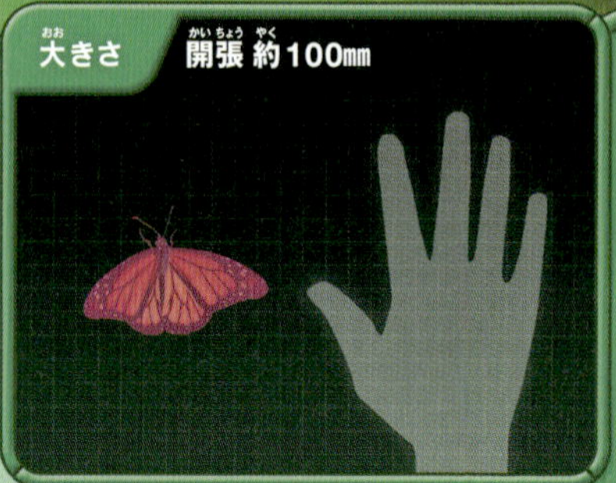

木をおおうオオカバマダラの大群。
同じ木にとまって体をよせあい、冬を越す。

チョウ目

世界最大級のガ

ヨナグニサン

すがた
くらし
武器

はねを広げると20cmをこえることもある世界最大級のガ。前ばねの先のもようがヘビの頭のように見えるが、天敵の鳥などにそう見えているかはわからない。

ヘビの頭のようなもようから、中国では「蛇頭蛾」とよばれる。

成虫に口はなく、食べ物も水もとらない。

生息地　日本（八重山諸島）、台湾、中国、インド、ヒマラヤ

大きさ　開張 約185mm（おす）、開張 約200mm（めす）

はねを広げたヨナグニサンは、
大人のてのひらよりも大きい。

奇妙なガの幼虫

ガのなかまの幼虫には、奇妙なすがたをしたものがたくさんいる。体の色がまわりにとけこんで敵に気づかれにくいものもいれば、毒の毛が生えているもの、ポーズやすがたで敵をおどすものなど、さまざまだ。成虫のように飛ぶことができない幼虫は、外敵から身を守るいろいろな武器や技をもっているのだ。ここではその一部を紹介しよう。

奇妙なポーズやすがた

シャチホコガの幼虫は、しゃちほこのように体をそらせ、胸の長いあしを開いてふるわせることで敵をおどす。また、特にかわったものにリンゴコブガの幼虫がいる。リンゴコブガの幼虫は脱皮するたびに

▲体をそらせるシャチホコガの幼虫。

▲リンゴコブガの幼虫。

頭の上に脱いだ頭の殻を積み重ねていく。このすがたにどんな意味があるのかは、まだくわしくわかっていない。

毒の毛やとげ

毒の毛やとげによって身を守る幼虫も多い。日本ではチャドクガ(p.153)などが有名だが、海外にも派手な毛やとげをもつ幼虫がいる。北アメリカにすむヤママユガのなかま、セクロピアサンの幼虫の体には赤、青、黄の派手な色をした毒のとげがならんでいる。サザン・フランネル・モスというガのなかまの幼虫は、長い毛でおおわれていて一見ふわふわしているが、毛の下には強力な毒のとげがある。このとげがささると激しい痛みにおそわれ、人によってはアレルギー反応が出て苦しむという。

▲セクロピアサンの幼虫。

◀サザン・フランネル・モスの幼虫。

カメムシ目

全身緑色のセミ

クロイワゼミ

全身が緑色のとても小さなセミ。昼は葉の上でじっとしているため見つかりにくい。おすは夜7時過ぎからいっせいに、約30分だけ小さく鳴いてめすをよぶ。

全身緑色なので、葉や草の上では見つかりにくい。

針のような口で葉や草のしるを吸う。

おすは腹の中の筋肉を動かし、チュチュチュと鳴いてめすをよぶ。

生息地 日本（沖縄島、久米島）

大きさ 体長 18～23㎜

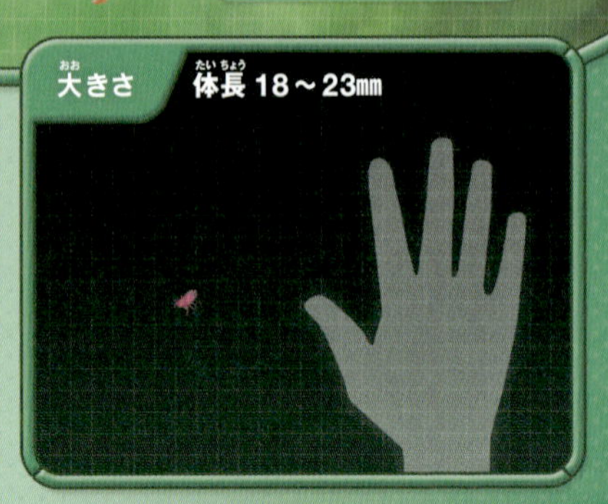

白い「羽衣」で身を守る

アオバハゴロモ（幼虫）

小さいときは全身が白い綿毛につつまれ、成長すると白く長い毛がしっぽのようにのびてくる。この白い毛は、腹の先から出したろうのような物質でできていて、敵から身をかくしたり、にげたりするときに役立つ。

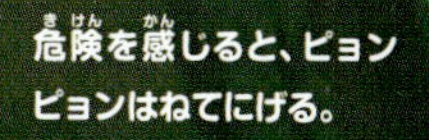

危険を感じると、ピョンピョンはねてにげる。

白く長い毛は、枝から落ちたときにパラシュートの役目をする。

生息地　日本（本州～南西諸島）、台湾、朝鮮半島、中国

大きさ　体長 約5㎜（終齢幼虫）

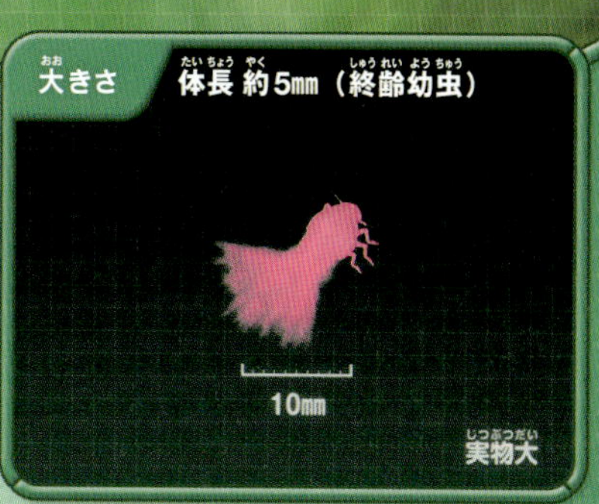

カメムシ目

あわにかくれて身を守る

シロオビアワフキ(幼虫)

おしりから出した液に空気をまぜてあわのかたまりをつくり、羽化するまでその中にかくれてくらす。このあわの中では、ほかの昆虫は呼吸ができないので、敵におそわれにくい。

腹の下の溝に空気を出し入れして、おしりから出した液をあわだてる。

針のような口で植物のしるを吸い、余分な水分をあわの材料にする。

生息地　日本(北海道～九州)、朝鮮半島、中国、シベリア

大きさ　体長約8㎜(終齢幼虫)、体長11～12㎜(成虫)

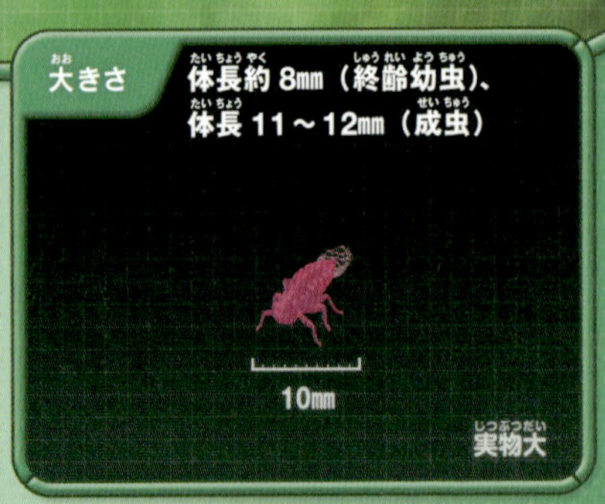

シロオビアワフキの幼虫があわにつつまれるようす（①〜③）。
成虫になるとあわから出てくる（④）。

ネジレバネ目

ハチの体内で一生を過ごす

スズメバチネジレバネ

すがた
くらし
武器

かえりたての幼虫がスズメバチの体に入りこみ、寄生したハチの体内で栄養をうばって育つ。おすは羽化してハチの腹から出るが、めすはうじ虫のようなすがたのまま、一生ハチの体内で過ごす。

たくさんの卵を体内でかえし、寄生したハチが花をおとずれたときに幼虫を外に出す。

おす

めす

おすの前ばねがねじれたこんぼうのようになっているので「ネジレバネ」とよばれる。

目も触角もない頭を、ハチの体から出して交尾する。

生息地 日本（本州）、台湾、中国、ベトナム

大きさ 体長 3～7㎜（おす）、体長 13～30㎜（めす）

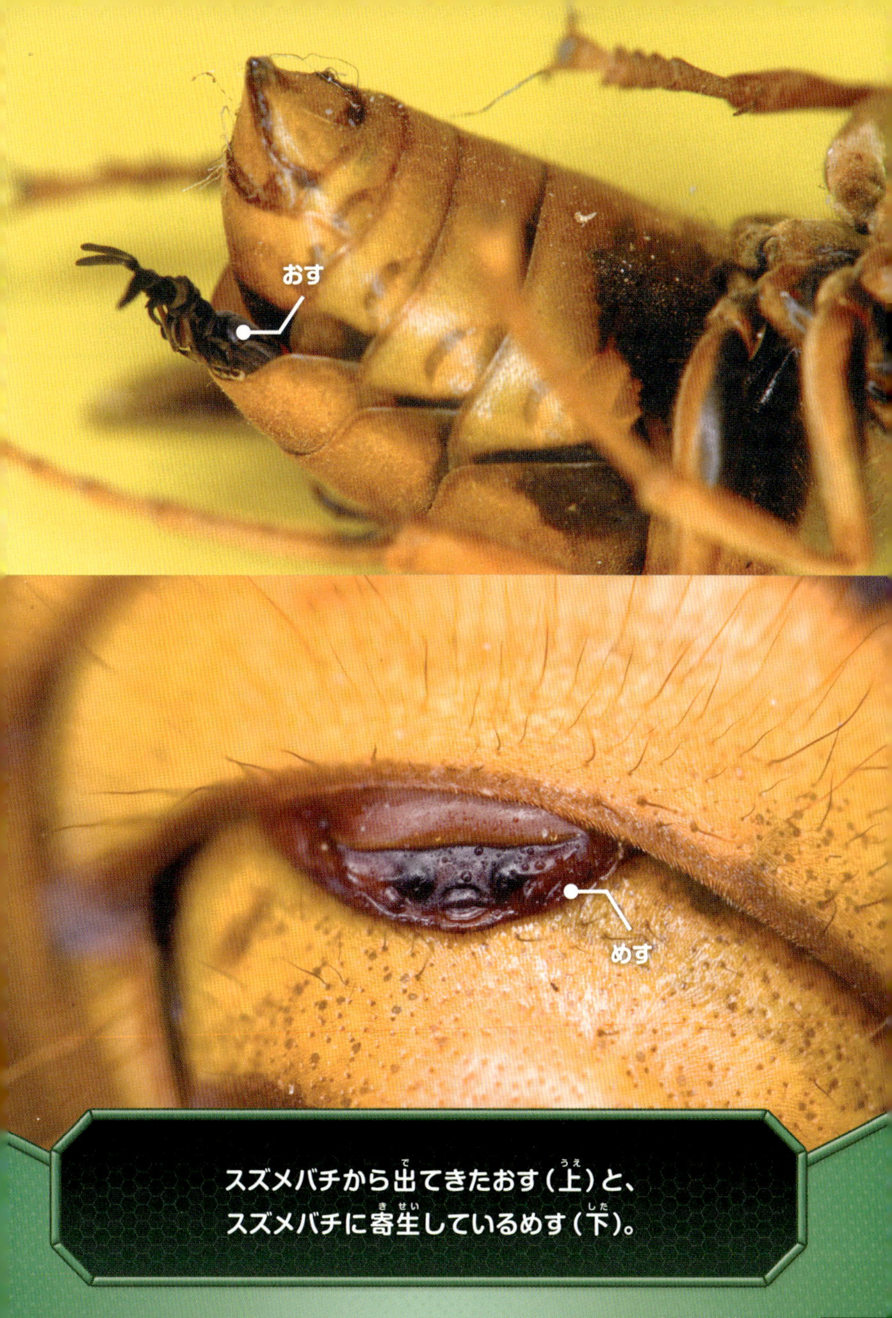

スズメバチから出てきたおす（上）と、
スズメバチに寄生しているめす（下）。

野菜や果物をだいなしにする

ミカンキイロアザミウマ

すがた
くらし
武器

房のような毛の生えたはねをもつアザミウマのなかま。針のような口で野菜や果物のしるを吸い、ナスやキクのなかまに病気をうつす。約30年前に外国から日本へわたってきて、農作物に大きな被害をもたらしている。

軸のまわりに房のような毛の生えたはね。風に乗って遠くまで飛ぶこともできる。

針のような口で植物のしるを吸う。このときに植物に病気をうつす。

不完全変態の昆虫だがさなぎのような状態になり、その間も歩くことができる。

生息地 高温地帯をのぞく世界中

大きさ 体長 1～1.5㎜

10㎜

実物大

ダンゴムシのように丸まるゴキブリ

ヒメマルゴキブリ

めすや幼虫にははねがなく、危険を感じると、ダンゴムシのようにあしや触角を引っこめ、体を丸めて身を守る。おすはふつうのゴキブリのようなすがただ。

めす

幼虫やめすの成虫はダンゴムシのようなすがたをしているが、昆虫なのであしの数はもちろん6本だ。

頭はほとんど胸の下にかくれている。

幼虫やめすの成虫は危険を感じると体を丸めて身を守る。

生息地 日本（九州南部～南西諸島）、台湾

大きさ 体長 11～12㎜（めす）

バッタ目

世界最大級の肉食昆虫

リオック

コオロギとキリギリスの中間のようなすがたをしたコロギスという昆虫のなかま。オバケコロギスともよばれる。とくにめすは大きくきょうぼうで、バッタやカマキリなど、ほかの昆虫をつかまえてバリバリ食べる。

大きく強い大あごでえものをかみくだく。

えものをおさえこむ強いあし。敵をおどすときは、あしを上げて腹を見せる。

生息地　インドネシア

大きさ　体長 約100㎜

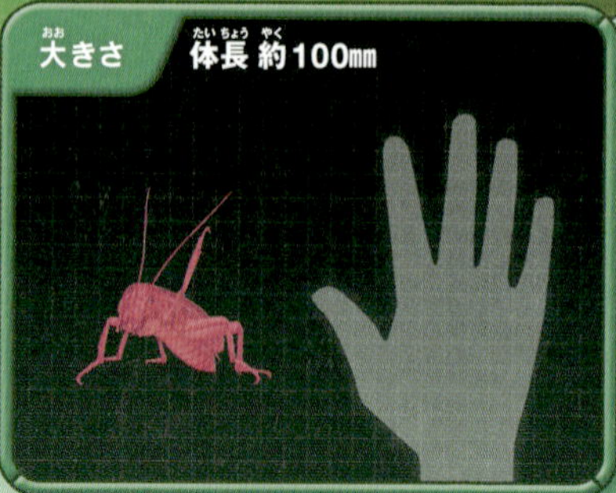

大あごの力はすさまじく、
自分より大きなえものにもおそいかかる。

ザトウムシ目

とても長いあしでさぐりながら歩く

モエギザトウムシ

おどろくほど長い8本のあしで歩きまわり、小さな昆虫などを食べる。ザトウムシは「ユウレイグモ」ともよばれるが、クモのなかまではない。

体長の約20倍の長さのあし。あしの先で葉などをしっかりつかむ。

小さいころは体が萌黄色のため、モエギザトウムシという。

目は明暗しかわからないので、あしでまわりをさぐりながら歩く。

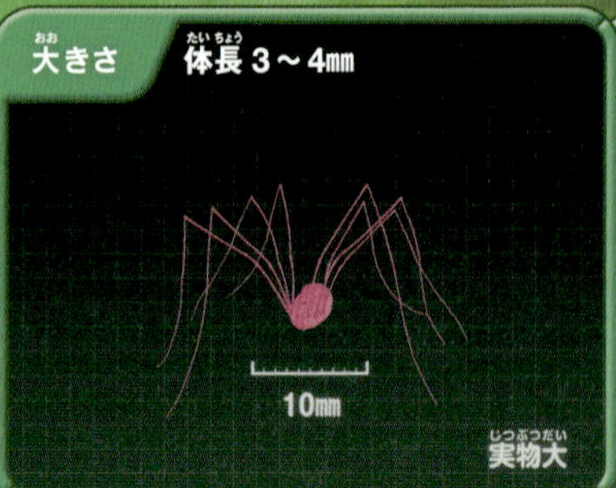

すっぱい液をふきかける

アマミサソリモドキ

夜中に歩きまわり、大きなはさみで昆虫などをつかまえて食べる。サソリに似ているが尾に毒針はなく、長い尾の先からすっぱい液をふき出して身を守る。

危険を感じるとむちのような長い尾を上げ、すっぱい液をふきかける。

細く長い前あしは触角のはたらきをする。

大きなはさみでえものをはさんでおしつぶす。

生息地　日本（九州南部～沖縄諸島、八丈島）

大きさ　体長 40～50㎜

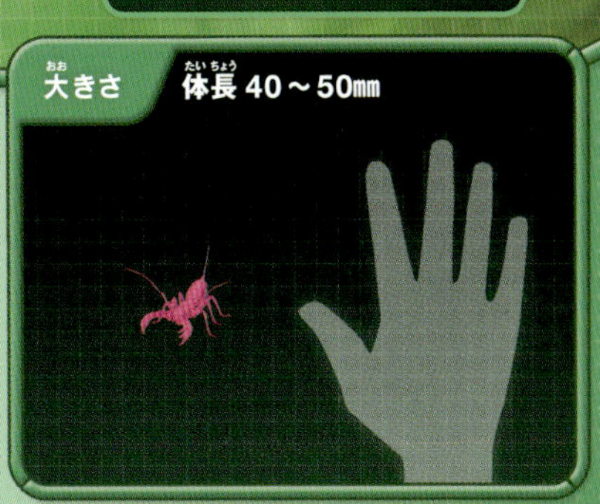

ウデムシ目

大きな腕でえものをとらえる

タンザニアバンデッドオオウデムシ

すがた
くらし
武器

あしを広げると約20㎝になる最大級のウデムシ。大きな前あし（腕）で昆虫などをつかまえて食べる。ウデムシはクモに近い生き物で、「世界一気味の悪い虫」ともいわれるが、毒はなく人をおそうこともない。

むちのような細く長い触肢という器官は、触角のはたらきをする。

とげのついた大きな前あし（腕）で、えものをすばやくつかまえる。

クモのような口でえものを細かく引きさく。

めすは子を背中にのせて育てる。

生息地　アフリカ中央部〜南部

大きさ　体長 約30㎜

子(こ)どもを背(せ)にのせて子育(こそだ)て中(ちゅう)のウデムシのめす。
ウデムシはサソリモドキ（p.75）、ヒヨケムシ（p.122）とあわせて「世界三大奇虫(せかいさんだいきちゅう)」とよばれる。

くらしに役立つ昆虫

人は大昔から昆虫をくらしに利用してきた。はちみつをとるミツバチや絹の糸をとるカイコガなどは、3000年以上も前から人に飼われてきたのだ。

また、最近ではモンシロチョウのさなぎやカブトムシの幼虫から、ガンにきく薬をつくる研究などが進められている。医療の分野でも昆虫の力が注目されているのだ。

▲カイコガの幼虫がさなぎになるときのまゆを加工すると、質のよい絹の糸になる。絹の糸をとったあとのさなぎや成虫は、食用にもなった。

▼中南米のサボテンにつくコチニールカイガラムシ。体液からとった赤い色素が、かまぼこ（左下）などの食品や、化粧品などに使われている。

熱帯雨林の章

暖かく、植物の種類が多い熱帯雨林は、地球上でいちばん昆虫の種類や数が多い場所だ。巨大なカブトムシや、美しいもようのチョウやゾウムシ、宇宙からやってきたのかと疑ってしまうような奇妙なすがたの昆虫など、実にさまざまな昆虫がいる。

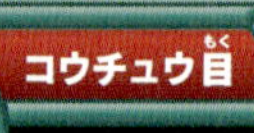

長い角をもつ世界最大のカブトムシ

ヘルクレスオオカブト

最大で全長18㎝になる世界一大きなカブトムシ。頭と胸に1本ずつ生えた長い角で、ほかのおすや昆虫をはさんで投げ飛ばす。

体のもようや角の形は、すんでいる場所によってちがう。

全長の約半分をしめる胸角（胸の角）。自由に動かすことはできない。

頭角（頭の角）。胸の中にある筋肉で頭ごと動かすことができる。敵の体の下にさし入れ、胸角とともにはさむ。

あしの先のかぎづめで、木などにしっかりしがみつく。

生息地 メキシコ南部～南アメリカ中部、西インド諸島

大きさ 全長 45～180㎜（おす）

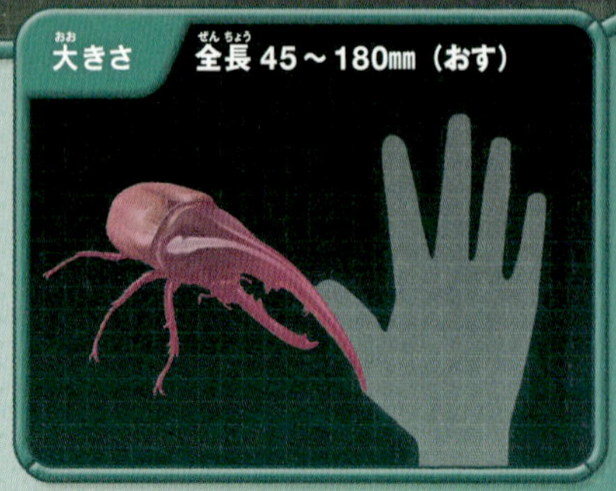

けんかをするヘルクレスオオカブト。
ヘルクレスオオカブトは、ヘラクレスオオカブトともよばれる。

コウチュウ目

アジア最大のカブトムシ

コーカサスオオカブト

すがた
くらし
武器

最大で全長13㎝になるアジア最大のカブトムシ。闘争心が強く、頭と胸の長い3本の角で相手をはさんでぎゅうぎゅうしめあげる。

前に長くのびた2本の胸角。体の大きなものは、さらにその間に小さな角が生える。

かぎづめのついた長い前あしで、木にしがみつくほか、けんかでも使う。

上下に自由に動く長い頭角。体の大きなものほど、頭角や胸角が長くなる。

生息地 インドシナ半島、マレー半島、スマトラ島、ジャワ島

大きさ 全長 60～130㎜（おす）

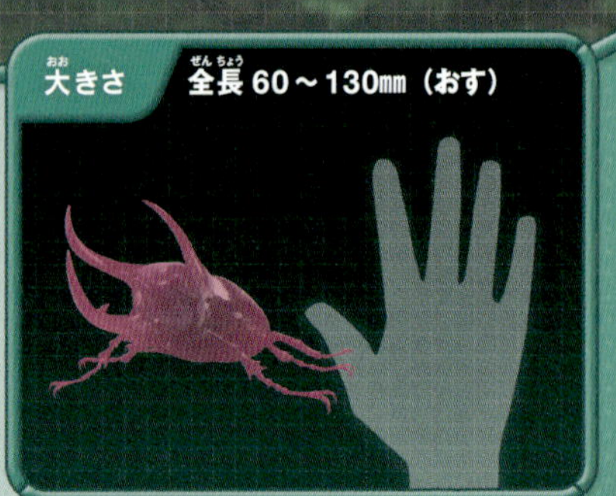

世界最長の大あごをもつクワガタムシ

ギラファノコギリクワガタ

最大で全長約12㎝になる世界最長のクワガタムシ。ギザギザした長い大あごで、ほかのおすや昆虫をはさんですくい投げる。

すんでいる地域によって、体の大きさや大あごの長さと形が大きくちがう。

ブラシのような口で樹液をなめる。

生息地 東南アジア～インド

大きさ 全長35～118㎜（おす）

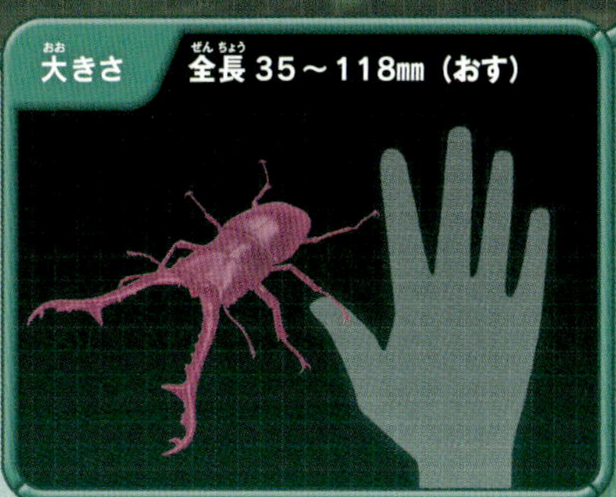

コウチュウ目

虹色にかがやく世界一美しいクワガタ

ニジイロクワガタ

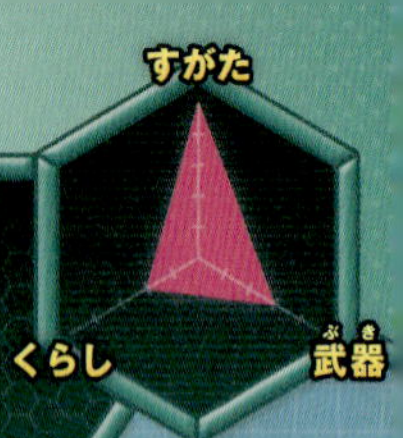

キラキラとかがやく体の色は、美しいだけでなく、鳥を警戒させたり、ジャングルで身をかくしたり、体温が上がるのを防いだりするはたらきがあるという。上向きにそった大あごは、はさむよりもすくいあげるのがとくいだ。

上向きにそった大あごを、カブトムシのように敵の下側に入れてすくいあげる。

前ばねの表面は、いくつものうすい膜が重なっていて、その中を光が反射したり曲がったりして虹色に見える。

生息地 オーストラリア、ニューギニア島

大きさ 全長 37～70㎜（おす）

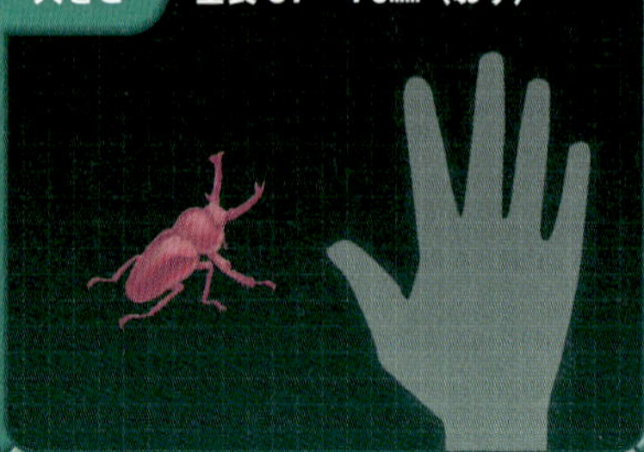

コウチュウ目

世界一重い昆虫
ゴライアスオオツノハナムグリ

体長10㎝以上になる最大のハナムグリ。世界一重い昆虫といわれ、体重50g以上にもなるが、森を高速で飛んで木の樹液を吸う。

頭の角で、樹液をめぐってほかのおすや昆虫とけんかをする。

前ばねはほとんど開かず、後ろばねだけで上手に飛ぶ。

おす

前胸の後ろと前ばねの前側がするどくとがっている。

生息地 アフリカ中央部

大きさ 体長 最大約110㎜

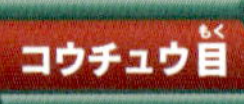

コウチュウ目

世界一大あごの長いカミキリムシ

オオキバウスバカミキリ

すがた
くらし
武器

危険を感じると、のこぎりのような長い大あごをふりかざして敵をおどす。大あごの力は、小枝を切り落とすほど強いといわれるが、実際に武器として使うかはわかっていない。

前ばねを広げ、後ろばねを羽ばたかせて飛ぶ。

大あごでかみつかれると人間でも痛く、血が出ることもある。めすはおすよりも短い大あごで、木をほって卵を産む。

生息地 中央アメリカ～南アメリカ南部

大きさ 全長 100～160㎜（おす）

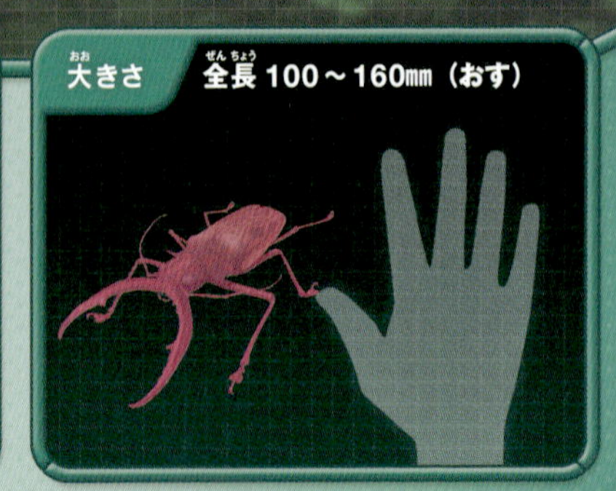

コウチュウ目

うすい体でもぐりこむ

バイオリンムシ

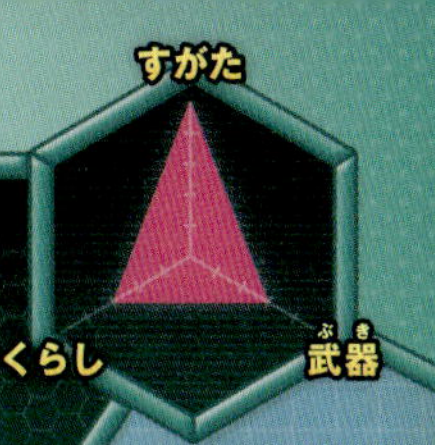

その名の通り、背中から見ると楽器のバイオリンのように見えるが、体のあつみは5㎜ほどしかない。そのうすい体で、せまい木の皮のすき間などにもぐりこみ、長い頭と胸を動かして小さな虫をとらえる。

危険を感じると、しりからとてもくさい液をふきかける。人間の皮ふにつくとひどく痛む。

細長い頭と胸は自由に動き、せまい木の皮の下でも食べ物をとりやすい。

かたい前ばねの下にうすい後ろばねがあるが、どれくらい飛べるかよくわかっていない。

生息地　マレー半島、スマトラ島、カリマンタン島、ジャワ島

大きさ　体長 60～80㎜

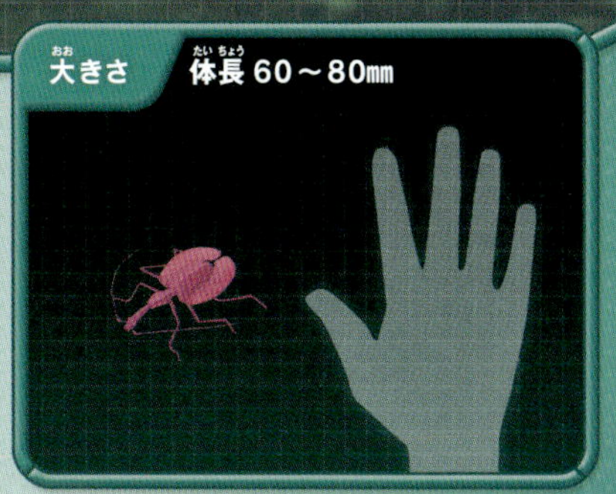

コウチュウ目

かたい体で身を守る

クロカタゾウムシ

すがた
くらし
武器

黒光りする鉄アレイのような形の体は、日本の昆虫のなかでいちばんかたいといわれる。前ばねがくっついていて飛ぶことはできないが、かたすぎて食べられないため、鳥などにおそわれることもない。

標本用の針も通りにくいかたい体。つぶれにくい卵形で、さらに表皮のかたい層が何層も複雑に重なっている。

生息地 日本（石垣島、西表島）

大きさ 体長 11～15㎜

世界のいろいろなカタゾウムシのなかま。
カタゾウムシには、あざやかな色や、
美しいもようをもつものが多くいる。

コウチュウ目

三葉虫のようなすがた

サンヨウベニボタル(めす)

ホタルに近いベニボタルのなかま。めすは成虫も幼虫と同じすがたをしている。そのすがたが約2億5000万年前に絶滅した「三葉虫」ににているため、この名でよばれる。おすはふつうのベニボタルと同じように羽化するが、めすの10分の1の大きさしかない。

腹の先に大きな吸盤があり、移動するときに使うと考えられている。

めす

おどろくと小さな頭を体の下にひっこめる。

成虫になってもはねはなく、腹にはたくさんのとげが生えている。

生息地　東南アジア

大きさ　体長65～75㎜(めす)

逆立ちして敵をおどす

サカダチコノハナナフシ

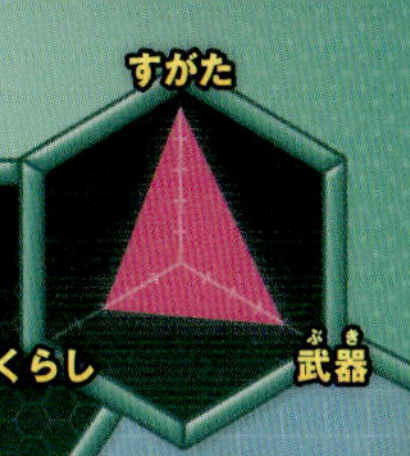

めすは、危険を感じると逆立ちし、後ろあしを広げて敵をおどす。するどいとげが全身にびっしり生えていて、太い後ろあしで指をはさまれるとても痛い。おすはめすの約半分の大きさで、飛ぶことができる。

腹の先はとがった産卵管だ。

大きなとげのついた太い後ろあし。先にはかぎ爪がある。

めすのはねはとても小さく、飛ぶことはできない。

めす

生息地　東南アジア

大きさ　体長 150～180㎜（めす）

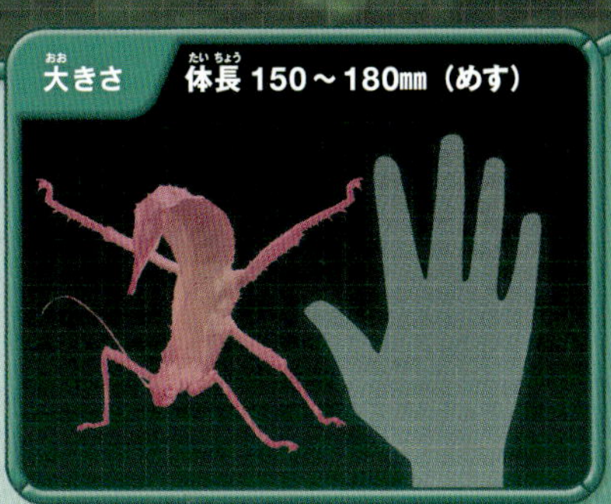

カマキリ目

花に化けてえものをさそう

ハナカマキリ

花に化けてまちぶせし、花とまちがえてよってきたチョウやハエなどをすばやくとらえる。花そっくりのすがたは、敵の目をあざむくはたらきもあるという。

とがった目の間に突起があり、花のめしべのように見える。

幼虫

体の色は、幼虫のころはピンク色だが、成長とともに白くなっていく。

かまのような前あしで、近よってきたえものをすばやくとらえる。

花びらのように見えるあし。

生息地　東南アジア

大きさ　体長 約45mm（終齢幼虫）、体長 約70mm（めす成虫）

花に化けて狩りをするハナカマキリ。
きれいな花に見えるが、恐ろしいかまがあるのだ。

カメムシ目

アリのような角で身を守る⁉

アリカツギツノゼミ

胸から角が生えたツノゼミのなかま。アリのすがたに似た大きな角は、敵におそわれにくくなるはたらきがあると考えられている。熱帯地域には変わった形の角をもつツノゼミのなかまが多いが、角の役割はよくわかっていない。

アリをさかさまにかついでいるように見える。また、先がとがっているので敵の口にささる。

針のような口で葉や茎のしるを吸う。

腹は緑色で後ろあしだけ黒い。葉の上にいると黒い部分だけ目立ち、アリのようなすがたがより強調される。

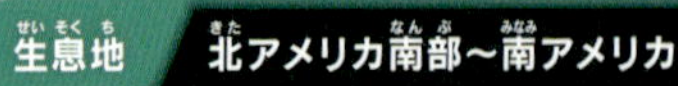

生息地 北アメリカ南部〜南アメリカ

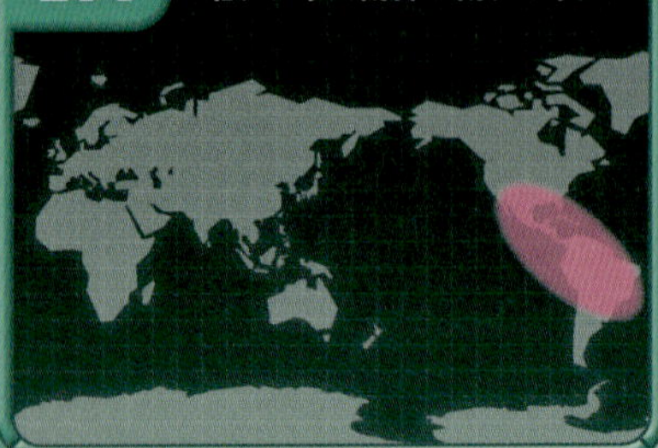

大きさ 体長 約5㎜

10㎜

実物大

ハタザオツノゼミのなかま

ヨツコブツノゼミ

サンゴツノゼミ

バラノトゲツノゼミ

ツノゼミは世界中に多くのなかまがいる。
そのすがたはどれも個性的だ。

恐るべき昆虫の世界 ③

絶滅した大昔の巨大昆虫

昆虫があらわれたのは、約4億年前。はじめは今のトビムシやイシノミのような、はねのないとても小さな生き物だった。しかし、約3億年前になると、たくさんの種類にわかれ、はねで空を飛ぶものもあらわれた。そのなかには、おどろくほど巨大な昆虫もいた。

史上最大の昆虫「メガネウラ」

メガネウラは、約3億年前の原始的なトンボのなかまだ。開張は約70㎝、鳥のハトよりも大きいのだ。シダの巨木がならぶ森の中を飛びながら、とげのついた太いあしで、ほかの昆虫をつかまえて食べたと考えられている。開張約50㎝の巨大なカゲロウのような、パレオディクティオプテラもそのえじきになっただろう。

昆虫が巨大化したのは、当時、空気中の酸素が今よりも多く、ほかに空を飛ぶ生き物がいなかったからだといわれている。

◀メガネウラの化石
所蔵：佐野市葛生化石館
撮影：小笠原成能

巨大ヤスデ「アルスロプレウラ」

巨大だったのは昆虫だけではない。メガネウラと同じころの森には、史上最大の節足動物もすんでいた。全長2m、巨大なヤスデのような生き物アルスロプレウラだ。

たくさんのあしではいまわる、大人よりも大きなヤスデ。想像しただけで身の毛がよだつ人もいるだろう。だが安心してほしい。アルスロプレウラは、植物を食べていたと考えられているので、もし今生きていたとしても、人がおそわれることはないだろう。

カメムシ目

頭にワニの顔をもつ!?

ユカタンビワハゴロモ

すがた　くらし　武器

セミに近いビワハゴロモのなかま。大きくふくらんだ頭は、横から見るとワニの顔のように見えるが、なんの役に立つかはわかっていない。

ピーナッツのような形の頭。なんの役に立つかはわかっていない。

セミのように、針のような口で木のしるを吸う。

危険を感じると、前ばねを広げ、後ろばねの大きな目玉もようで敵をおどす。

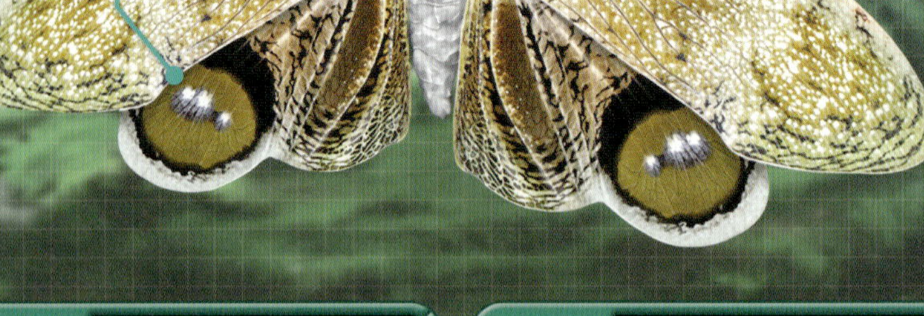

生息地　中央アメリカ～南アメリカ北部

大きさ　体長 80～100㎜

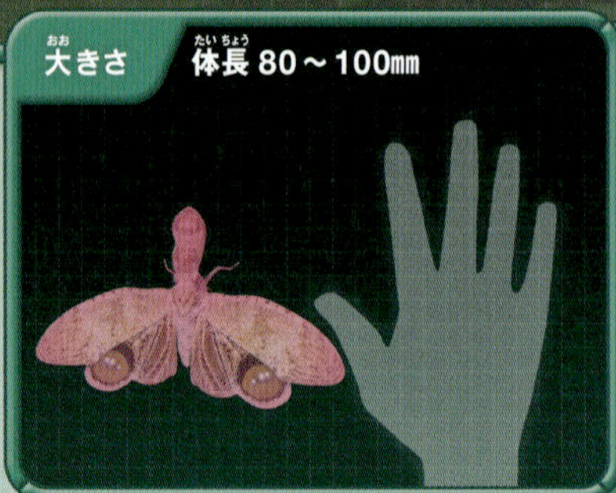

横から見たすがた。
ピーナッツのような突起の中は空どうになっている。

チョウ目

強い毒をもつアフリカ最大のチョウ

ドルーリーオオアゲハ

すがた
くらし
武器

おすははねを広げた長さが約24㎝にもなる、アフリカ最大のチョウ。体の中に5ひきのネコを殺せるという、チョウのなかでいちばん強い毒をもつため、天敵がいない。

はねのオレンジと黒のもようで、毒をもっていることを知らせている。

幼虫のときに毒のある草を食べ、体内に毒をためこむ。

生息地　アフリカ西部～中央部

大きさ　開張 約240㎜（おす）、開張 約150㎜（めす）

虹色にかがやく世界一美しいガ

ニシキオオツバメガ

チョウとガをあわせたなかで世界一美しいといわれる。多くのガは夜行性だが、このガは朝から夕方に活動する。幼虫のときに毒草を食べて育つので、成虫の体には毒がためこまれている。

幼虫も成虫も体内に毒をもつ。

派手な部分には実は色がなく、りん粉の表面のつくりやならび方によって、光を反射して虹色に見える。

チョウ目

はねがとう明なチョウ

ベニスカシジャノメ

すがた
くらし
武器

ガラスのようなとう明なはねで、ゆっくり低く飛ぶ。背景がすけるので敵に見つかりにくく、後ろばねの目玉もようは敵をおどすはたらきがあると考えられている。アケボノスカシジャノメともいう。

はねの大部分にりん粉がないため、とう明に見える。

後ろばねの目玉もようで、敵をおどしたり、こちら側に頭があるように見せかけたりする。

前あしが退化しているので、あしが4本に見える。

生息地　中央アメリカ～南アメリカ中部

大きさ　開張 約45mm

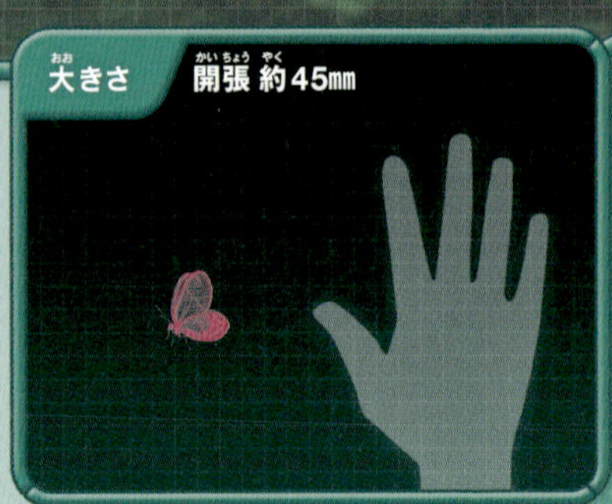

とう明なはねをもつチョウのなかまは、
「グラス・ウイング・バタフライ」とよばれる。

チョウ目

強引にアリの巣にすみつく

アリノスシジミ（幼虫）

すがた
くらし
武器

世界最大のシジミチョウの幼虫。ツムギアリの巣にすみつき、アリの幼虫を食べて育つ。幼虫やさなぎのときは体がかたい皮に、羽化したてのときはとれやすい毛におおわれているため、ツムギアリのこうげきがきかない。

甲らのようなかたい皮でおおわれ、アリの強いあごでも歯が立たない。

頭は下側にあり、アリの幼虫をおそって食べる。

生息地 東南アジア～オーストラリア

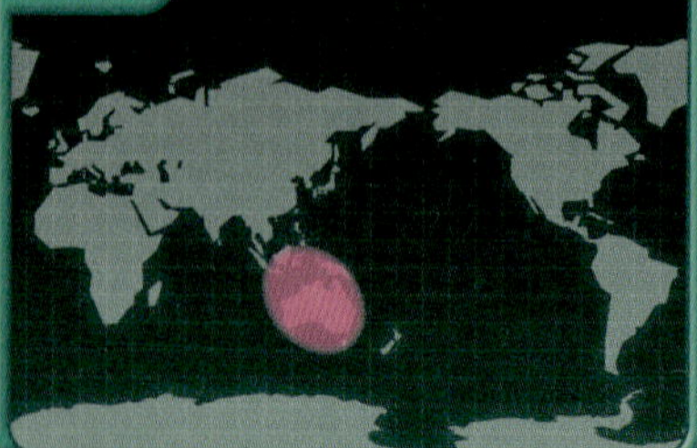

大きさ 体長 約30㎜（終齢幼虫）

アリノスシジミの幼虫

ツムギアリ

ツムギアリの幼虫

ツムギアリの幼虫をおそうアリノスシジミの幼虫を、下から見たようす。ツムギアリにとっては恐ろしい居候だ。

ハチ目

自爆してなかまを守る

ジバクアリ

敵におそわれると筋肉をふるわせて自分の体を破れつさせ、ねばねばした毒をまき散らす。自分の命とひきかえに、この毒で敵をからめとって殺すとともに、毒のにおいでなかまに危険を知らせる。

のり状の毒をつくって体内にためこむしくみが、頭から腹まで長くのびている。

空気中に出た毒を触角で感じ、なかまが自爆したことや、危険がせまっていることを知る。

生息地　マレーシア、ブルネイ

大きさ　体長 約5㎜

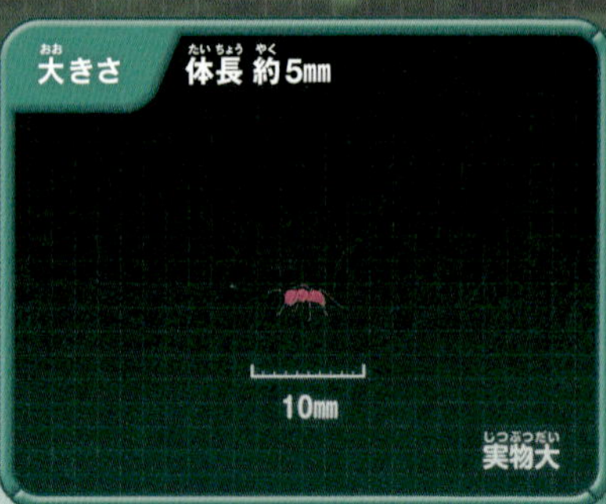

自爆するジバクアリ（右）。
巣を守るためにくりだす、恐るべき技だ。

すがた
くらし
武器

光でえものをおびきよせる

グローワーム（ヒカリキノコバエの幼虫）

暗く湿った場所にすむハエの幼虫。洞くつの天井などからねばねばする糸をたらし、光を出して小さな虫をおびきよせ、その糸にくっつけてとらえて食べる。

洞くつの天井などに筒状の巣をつくる。

腹の先を青く光らせてえものをおびきよせる。

巣のまわりに何本も粘液の糸をたらし、くっついたえものを食べる。

生息地 オーストラリア、ニュージーランド

大きさ 体長 約30㎜（終齢幼虫）

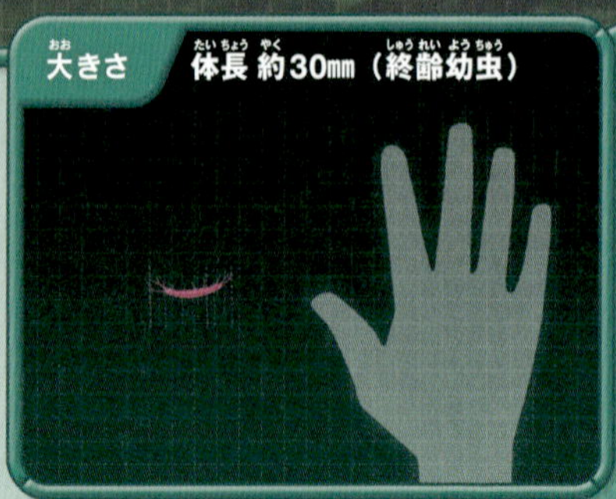

洞くつの天井で光るグローワーム。
おびただしい数の幼虫が、光ってえものを待っている。

ハエ目

目がはなれているほど強い

ヒメシュモクバエ

左右に長くのびた頭のはしに目がある変わったすがたのハエ。シュモクバエのなかまは、目がはなれているおすほど強く、めすにもてるといわれている。

目のすぐ近くに触角がある。

おすどうしは向かいあって目のはなれ具合を比べる。

生息地 日本（石垣島、西表島）、台湾、東南アジア

大きさ 体長 約5mm

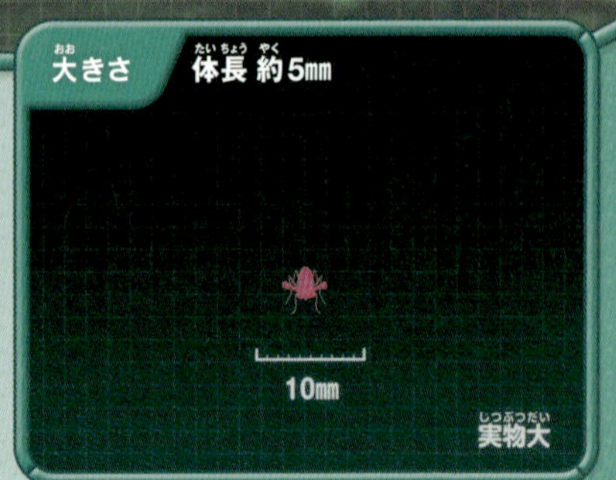

けんかをするヒメシュモクバエのおす。
はなれた目は、けんか以外にもまわりを見渡したり
距離をはかったりするのに役立つといわれている。

毒あごでかみつく世界最大のムカデ

ペルビアンジャイアントオオムカデ

体長が最大40cmになる世界一大きなムカデ。するどい毒あごで、えものに強い毒を流しこんで殺して食べる。

あしが変化した毒あご。毒はとても強く、かまれた人間の子どもが死んだこともある。

いちばん後ろのあしは触角のように長く、頭の位置をわかりにくくする。

たくさんのあしを動かしてすばやく移動する。

生息地 ブラジル〜ペルー

大きさ 体長 200〜400mm

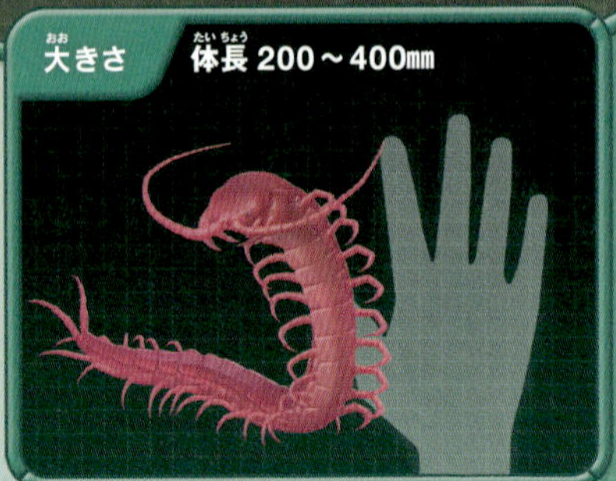

ペルビアンジャイアントオオムカデの毒あご。
昆虫のほか、ネズミや鳥もおそうという。

クマムシとカギムシ

生き物のなかには、名前に「ムシ」とつくが、昆虫など節足動物のなかまではないものがいる。そのなかでも特に恐るべき生態をもつ「ムシ」、クマムシとカギムシを紹介しよう。

クマムシは体長1㎜以下の緩歩動物のなかまで、コケのすきまや水中などにすみ、4対8本の太く短いあしでゆっくり歩く。細長い体に、ムカデのようなたくさんのあしをもつカギムシは、熱帯雨林の湿った場所にすむ有爪動物のなかまだ。クマムシとカギムシはともに、ミミズのような環形動物と昆虫のような節足動物の中間的な生物だと考えられている。

▶クマムシのなかま。なかには、乾燥すると活動を休止し、マイナス273℃の超低温から151℃の高温、放射線や真空にもたえ、水をかけると復活するものもいる。

◀カギムシのなかま。口の横から粘液をふき出し、昆虫などをとらえて食べる。

砂漠の章

生き物が少ない砂漠にも、群れでくらすバッタなどの昆虫や、厳しい環境に適応したサソリのような節足動物がくらしている。大群をつくったり、強力な武器をもったりすることで、厳しい環境に生きているのだ。

大群で植物を食いつくす

サバクトビバッタ

ふだんは1ぴきずつおとなしくくらしているが、食べ物が足りなくなったりすると大発生して「群生相」というすがたになる。群生相は、数百億もの大群であらゆる植物を食べつくしながら移動するため、人々のくらしに大きな被害をもたらす。

群生相は、1ぴきずつくらすものよりはねが大きく、1日に100～200kmの長い距離を飛べる。

群生相は体の色が黒っぽくなる。

1日に自分の体重と同じ重さの植物を食べる。

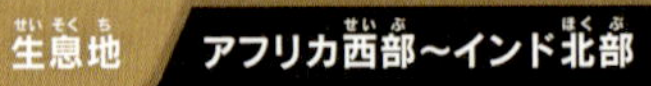

サバクトビバッタの大群。
あたり一面がバッタでうめつくされる。

恐るべき昆虫の世界 ④

すべてを食いつくす「飛蝗」

バッタの大群が移動して植物を食いつくすことを「飛蝗」とよぶ。飛蝗をおこすバッタは、サバクトビバッタのほかにも世界各地にいて、大昔から世界中の人々におそれられてきた。日本でよく見られるトノサマバッタも、そのひとつだ。

北海道をおそったトノサマバッタ

1880（明治13）年8月、トノサマバッタの大群が北海道の札幌周辺の村々をおそった。東の十勝平野で大発生したバッタが日高山脈をこえて飛んできたのだ。

はじめて飛蝗を見た村人たちは、アワやヒエ、トウモロコシなどの農作物を食い荒らすバッタの群れになすすべもなく、大きな音を鳴らすくらいしかできなかった。

◀札幌の飛蝗のようす（1882年）。音を鳴らし、火をたいてバッタを追いはらっている。

所蔵：北海道立文書館
出典：簿書7785『雑件綴込』

▶札幌市にある手稲山口バッタ塚

バッタたちは、生えている草木はもちろん、紙や布まで手当たり次第に食べ、群れが去った後には赤い土とバッタの卵しか残っていなかったという。

翌1881年6月、前年の大群が産んだ卵から大量の幼虫がかえりはじめた。村をあげて幼虫や卵をつかまえ、それらを役所が買い取って殺し、あるいは人をやとって雑草ごと焼きはらった。これにより、村の幼虫は大きくへった。

しかし8月、村の空はバッタの群れでおおわれた。ほかの地方で大発生した群れが飛んできたのである。この年、北海道全土でつかまえられたトノサマバッタの数は、卵と幼虫、成虫をあわせて11億にもなったという。

翌年も翌々年も飛蝗は続き、1884年になってようやくおさまった。この年は雨が多く、バッタはふ化することができなかったのだ。その反面、寒さで作物が実らず、人々の苦しみはつきなかった。

北海道では、その後もしばしば飛蝗にみまわれ、卵や幼虫をうめ殺した跡の「バッタ塚」が各地に残っている。

サソリ目

世界一危険なサソリのひとつ

オブトサソリ（デスストーカー）

すがた
くらし
武器

太い尾をふり上げて毒針をさす。サソリのなかで最強クラスの毒をもち、人間の子どもがさされると死ぬこともある。英語でデスストーカー（しのびよる死）とよばれる。

毒針がえものにささると同時に毒が流しこまれる。えものをとらえるだけでなく、身を守るときにも毒針を使う。

はさみでがっちりとえものをつかむ。

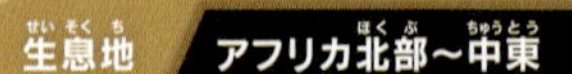

大きさ　体長 50〜110㎜

えものをとらえたオブトサソリ。
えものをにがさない毒は、厳しい砂漠を生きぬく強力な武器だ。

巨大なあごで切りきざむ最大級のヒヨケムシ

アラブサメヒヨケムシ

すがた
くらし
武器

ヒヨケムシという節足動物のなかま。夜になるとすばやくはいまわり、昆虫やトカゲ、ネズミなどをとらえて巨大なあごで切りきざむ。クモに近い生き物だが、毒をもつものはいない。

長い触肢（昆虫の触角のような器官）ですばやくえものをとらえて引き寄せる。

巨大なはさみのようなあごでえものを切りきざみ、消化液を流しこんで食べる。

生息地　アフリカ北部～中東

大きさ　体長 約150mm

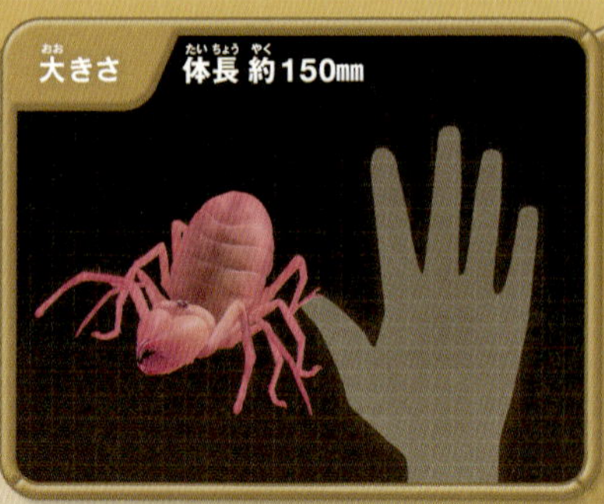

トカゲをとらえたヒヨケムシのなかま。
恐(おそ)るべきあごで出血(しゅっけつ)させてえものをしとめる。

海にすむ昆虫

昆虫はさまざまな環境に進出しているが、海にすむものはウミアメンボやウミトゲアリなど、ごくわずかしか見つかっていない。

ウミアメンボは、ふつうのアメンボと同様に水の上をすべるように進み、生き物の死体などから体液を吸うという。海にすむ昆虫のほとんどは海辺にすむが、ウミアメンボのなかには、太平洋のまん中など沖合にすむものもいる。

オーストラリアの海辺にすむウミトゲアリは、水面を走ったり、すばやく泳いだり、水中にもぐったりできる。泥の下につくった巣は、潮が満ちると海にしずんでしまうが、水が入ってこない部屋もあるので安心だ。

▶泳ぐウミトゲアリ。あしに毛がたくさん生えているので、水にうくことができる。もぐるときは、毛の間に空気をたくわえる。

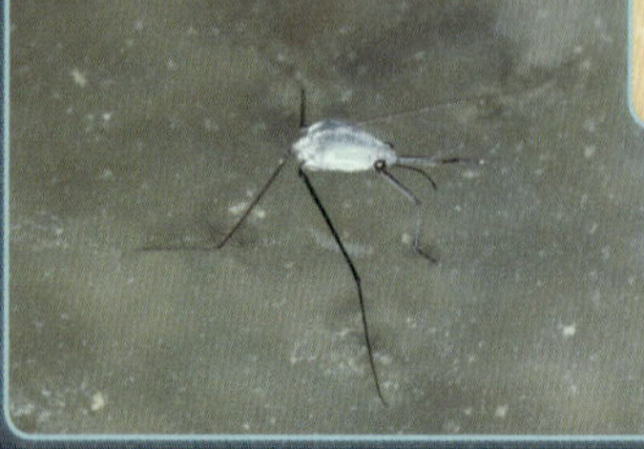

◀ウミアメンボ。ふつうのアメンボとちがってはねがないので飛ぶことはできない。

水辺の章

水辺にも多くの昆虫がいる。幼虫時代を水中ですごすトンボやホタルのなかま、水中でえものをとらえる恐ろしいハンター、タガメなどだ。小さな魚やカエルも、それらの昆虫に食べられることがある。

カメムシ目

水中のギャング

タガメ

水田や池などにすみ、かまのような太い前あしでえものをとらえて体液を吸う。昆虫のほか、自分より大きな魚やカエルなども食べる。

ときどき水面から呼吸管の先を出して呼吸する。

かぎ爪のついた太い前あしで、大きなえものもがっちりつかむ。

はね。飛ぶのもとくいで、一晩で数km移動することもある。

針のような口をえものにつきさし、肉をとかす液を流しこみながら体液を吸う。

生息地　日本全土、中国、台湾、朝鮮半島

大きさ　体長 48～65mm

カエルをとらえたタガメ。

トンボ目

のびる下くちびるでえものをおそう

ヤゴ（ギンヤンマ）

トンボの幼虫はヤゴとよばれ、水中でくらしている。小魚や昆虫などが近づくと、折りたたんでいた下くちびるをすばやくのばし、つかまえて食べる。危険を感じると、おしりから勢いよく水をふき出して高速で進む。

腹の先のとげで相手をつきさすこともある。

腹の中にえらがあり、おしりから水を吸いこんで呼吸する。

はさみのような下くちびるの先でえものをしっかりつかむ。

生息地 日本全土、東アジア

大きさ 体長 約50㎜（終齢幼虫）、体長 約70㎜（成虫）

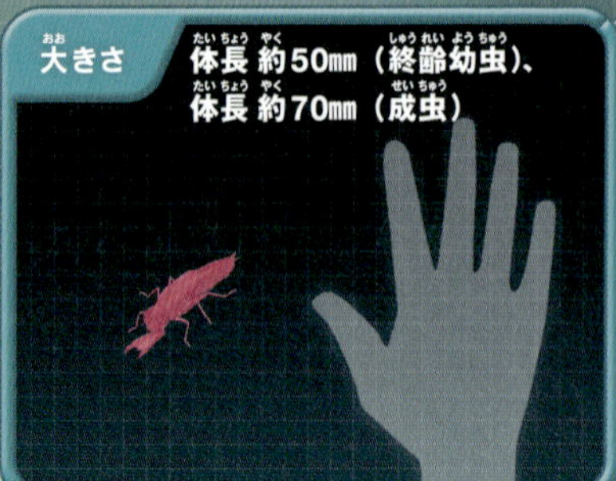

下くちびるをのばし、魚をとらえたギンヤンマのヤゴ。

トンボ目

日本最大最強のトンボ

オニヤンマ

体長10㎝以上になることもある日本最大のトンボ。長いはねで空を自在に飛び、空中でほかの昆虫をとらえて強いあごでかみくだく。

まわりがよく見える大きな目で、飛びながらえものを見つける。

4枚のはねを自由に動かし、高速で飛んだり、空中でとまったりできる。

あごを大きく開いてえものにかじりつく。

とげのついたあしでえものをがっちりとらえる。飛ぶときは、折りたたんで体にぴったりつけている。

生息地　日本全土、台湾、中国

大きさ　体長82～114㎜

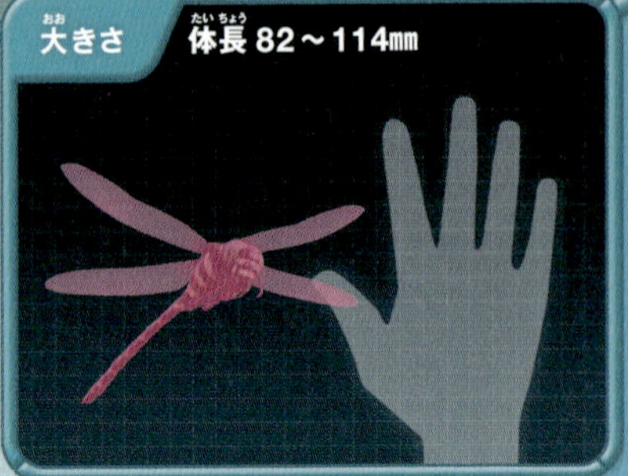

ハエにかじりつこうとするオニヤンマ。
空中では最強クラスのハンターだ。

ハエ目

羽化するまで水中でくらす

ボウフラ、オニボウフラ(ヒトスジシマカ)

カの幼虫は「ボウフラ」、さなぎは「オニボウフラ」とよばれ、水中でくらす。羽化した成虫は水面から飛び立ち、めすは人や動物の血を吸う。

呼吸管を水面から出して呼吸する。さなぎは2本の呼吸管が鬼の角のようにつき出ているので、オニボウフラとよばれる。

ボウフラ

さなぎのときも、腹の先のひれで泳ぐことができる。

細かくなった生き物の死体などをこしとって食べる。

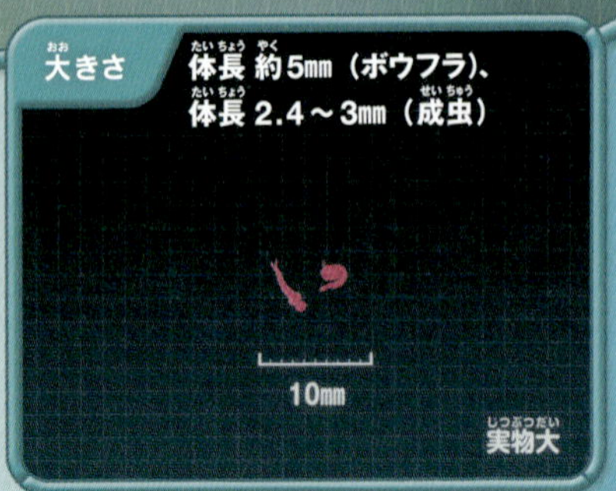

大きさ
体長 約5mm（ボウフラ)、
体長 2.4～3mm（成虫）
10mm
実物大

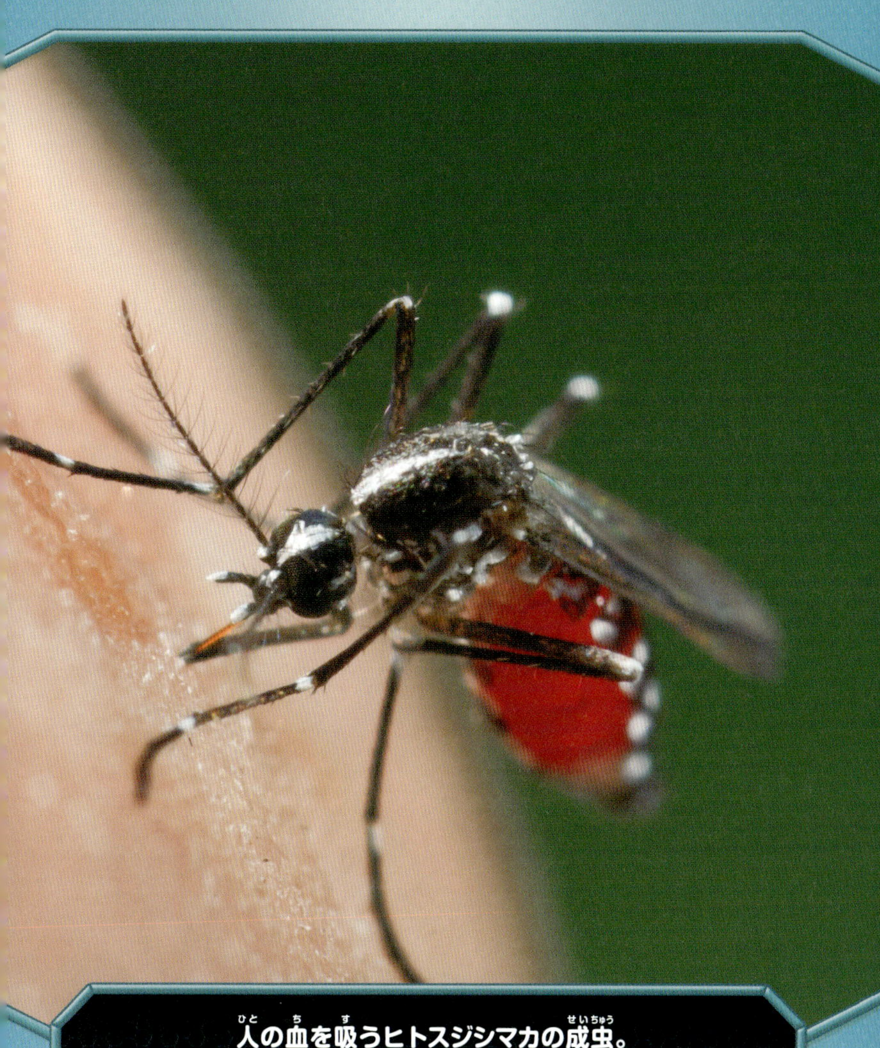

人の血を吸うヒトスジシマカの成虫。
血を吸われるとかゆいだけでなく、
危険な病気をうつされることもある。

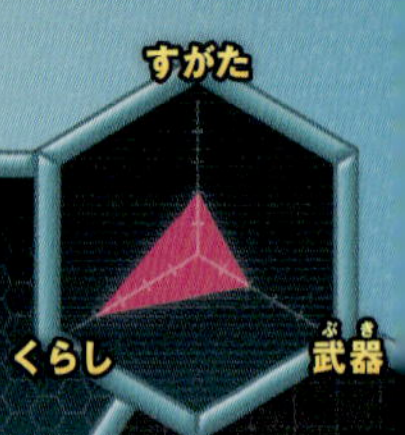

ホタルの光は毒のしるし!?

ゲンジボタル

卵から成虫まで光を出し、成虫のおすとめすは光を目当てに相手を探す。光ることで毒をもつことを知らせているともいわれる。

おすの目はめすよりも大きく、めすの光をいちはやく見つけることができる。

おすは集団で飛びながら同じ間隔で腹の先を点滅させてめすを探す。

卵から成虫まで毒をもち、発光や体のもようで毒があることを知らせているという。

生息地　日本（本州、四国、九州）

大きさ　体長 10～16㎜

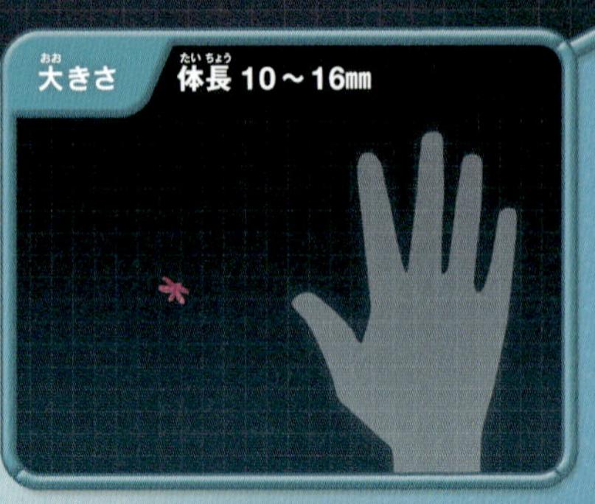

ゲンジボタルは卵、幼虫、さなぎ、成虫と一生を通して光る。

大あごでかみつく浜辺のギャング

ハマベオオハネカクシ

浜辺の石や海そうの下にすむ。夜になるとあたりをうろつき、大きなするどいあごでほかの昆虫や甲殻類などをすばやくとらえて食べる。

後ろばねは小さく、退化している。

するどい大あごで手当たり次第にえものをおそう。

生息地 日本（北海道、青森県と岩手県の太平洋側）、サハリン

大きさ 体長 16～23㎜

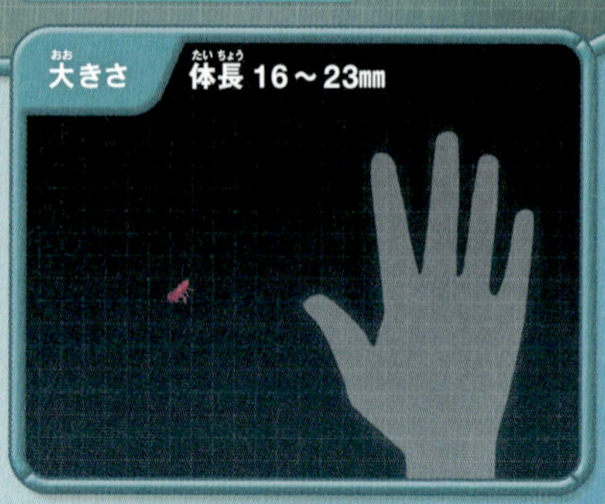

長い大あごは見かけだおし!?

オオアゴヘビトンボ

大きなはね。広げると12～13㎝にもなり、はばたいて飛ぶ。

ヘビのようなひらたい頭とトンボのような体をしたヘビトンボのなかま。おすはクワガタムシのような長い大あごで、ほかのおすとあらそう。幼虫にもするどい大あごがあり、川底をはいまわってほかの虫をつかまえて食べる。

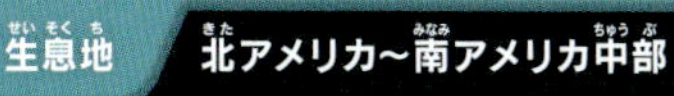
体長の3分の1もの長さの大あごで相手をはさむ。力はあまり強くない。

クモ目

水中でくらす唯一のクモ

ミズグモ

泳いでヤゴやイトミミズなどをとらえ、水中に空気を運んでつくった巣の中で食べる。水中でくらすクモは世界中でこのクモだけだ。

腹の先から出した糸で、水草の間にドーム状の網をはり、そこに空気をためて巣をつくる。

短い毛がびっしり生えた腹に、空気をつけて水中にもぐる。

あしに生えた長い毛は空気がつきやすい。

生息地 日本（北海道～九州）、ヨーロッパ

大きさ 体長 9～15㎜（めす）、体長 10～12㎜（おす）

水中につくられたミズグモの巣。

身近な要注意昆虫

家や学校のまわりにも、危険な昆虫などがひそんでいる。なかには、命にかかわるものもいるので注意しよう！

キイロスズメバチ P.142

昆虫による被害でいちばん多いのが、スズメバチのなかまによるものだ。人家の近くに巣をつくることも多く、特に初夏から秋にかけて巣に近づくと、群れになって毒針でおそってくる。さされるとショック死することもある。

チャドクガ P.152

卵から成虫まで毒をもつ。特に春と夏、身近なツバキなどに、幼虫が大発生することがある。さわらなくても、風で飛んできた細かい毒の毛が服の間から入ってささることがある。

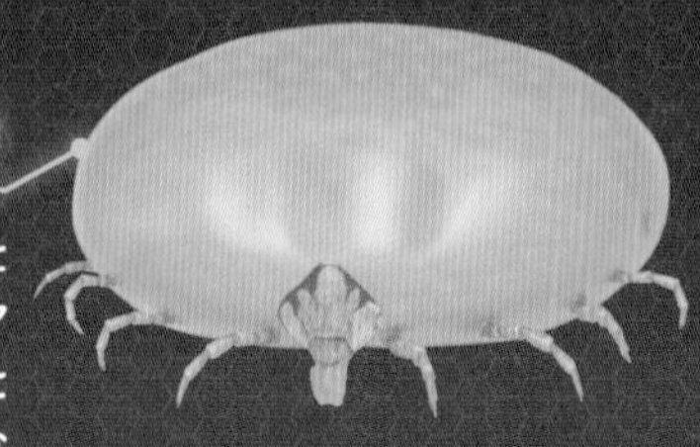

タカサゴキララマダニ P.038

近年、日本でマダニにさされた人が、SFTSという病気にかかって亡くなった。野山にすむマダニのなかまは、おそろしい病気をうつすことがあるので、春から夏に野山に入るときは、なるべくはだをかくしてさされないようにしよう。

町のまわりの章

昆虫は、身近なところにもたくさんいる。家の近くの公園や畑には、ハチやアリ、恐ろしいわなをしかけるアリジゴクなどがいる。さらには、家の中にもアシダカグモのようなクモのなかまなどが、えものを探して入ってくることがある。

ハチ目

日本一被害が多いスズメバチ

キイロスズメバチ

すがた
くらし
武器

ほかの昆虫を狩り、肉団子にして幼虫のえさにする。人家のまわりによく巣をつくり、巣に近づいた人を集団でおそう。日本ではこのスズメバチに毒針でさされる事故が多い。

はねをブンブン鳴らして、巣に近づくものをおどす。

強く大きなあごでえものをかみくだく。

太くするどい針をさし、強い毒を流しこむ。人がさされるとはれて、はげしい痛みにおそわれる。

生息地　日本（北海道～九州、屋久島）

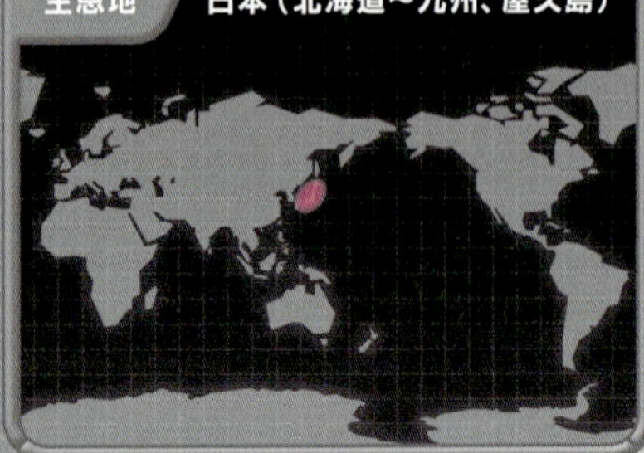

大きさ　体長 17～26㎜

ハチ目

ほかのハチの巣に卵を産みつける「宝石バチ」

オオセイボウ

青と緑にかがやく宝石のように美しいハチ。スズバチの巣に長い産卵管をつきさして卵を産み、かえった幼虫はスズバチの幼虫を食べて育つ。

危険を感じると体を丸めて身を守る。かたい体はスズバチなどの毒針を通さない。

成虫は花のみつを食べる。

卵を産むときは産卵管が長くのびる。

生息地 日本（本州、四国、九州、南西諸島）、台湾

大きさ 体長 13～19㎜

ハチ目

青くかがやくゴキブリハンター

サトセナガアナバチ

すがた
くらし
武器

ゴキブリにおそいかかって胸と首に毒針をさし、触角の先をかみきって体の自由をうばう。さらにゴキブリを巣穴にひきずりこんで卵を産みつけ、生きたまま幼虫のえさにする。

毒針をさしてゴキブリの神経をまひさせ、卵を産みつける。

まひさせたゴキブリの触角を大あごでくわえてひくと、ゴキブリは巣穴まで歩いてついていく。

生息地　日本（関東地方以西の本州、四国、九州）、中国、台湾、朝鮮半島

大きさ　体長 15～18㎜

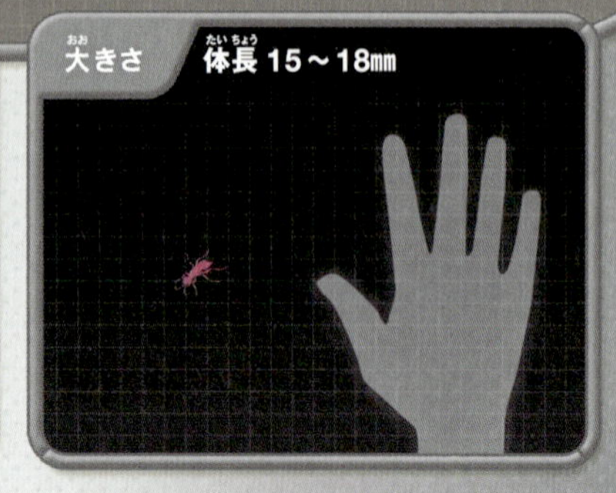

アフリカなどにすむセナガアナバチのなかま、
エメラルドゴキブリバチの羽化。
幼虫はゴキブリの体内で成虫になり、外に出る。

ハエ目

アリの巣でくらすアブの幼虫

キンアリスアブ(幼虫)

親アブがアリの巣の近くに卵を産み、ふ化した幼虫はアリの巣の中に入りこんで羽化するまで育つ。アリスアブのなかまの幼虫はアリの幼虫を食べて育ち、キンアリスアブの幼虫はクロヤマアリの幼虫だけをおそう。

こぶのような突起で呼吸する。

体の下側に小さな頭がある。

カタツムリのように体の下側を波打たせて、すべるようにすばやく動く。

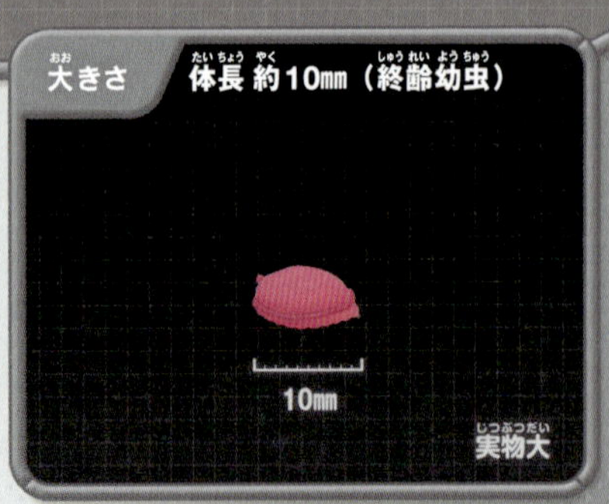

シミ目

紙の上をはいまわる原始的な昆虫

ヤマトシミ

はねのない原始的な昆虫。家の中にすみ、すばやくはいまわって本の紙やのり、パンや衣類などを大あごでかじって食べる。本に穴をあける害虫といわれることもあるが、それは別の虫のしわざだ。

体はりん片におおわれ、死ぬまで脱皮を続ける。

腹のとげはあしのなごりで、この昆虫が原始的だということをしめしている。

はねのある昆虫と同じように、しっかりかみくだくことができる大あごをもつ。

生息地　日本全土、中国、台湾、インドネシア、インドなど

大きさ　体長 約10㎜

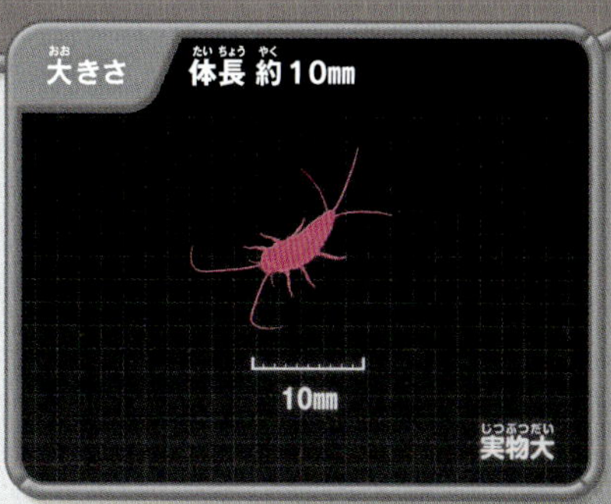

アミメカゲロウ目

巣に落ちたえものはにがさない

アリジゴク（ウスバカゲロウの幼虫）

ウスバカゲロウという昆虫の幼虫。すりばち状の巣の底でまちぶせ、落ちてきたアリなどを大あごでとらえて食べる。巣をはいあがろうとするえものには、大あごで砂を飛ばして落とす。

大あごの先から毒入りの消化液を流しこんで体液を吸う。

おもに中あしで移動する。前進することはできない。

後ろあしは、ふだんは腹の下におりたたまれている。

生息地 日本全土、中国、台湾、朝鮮半島

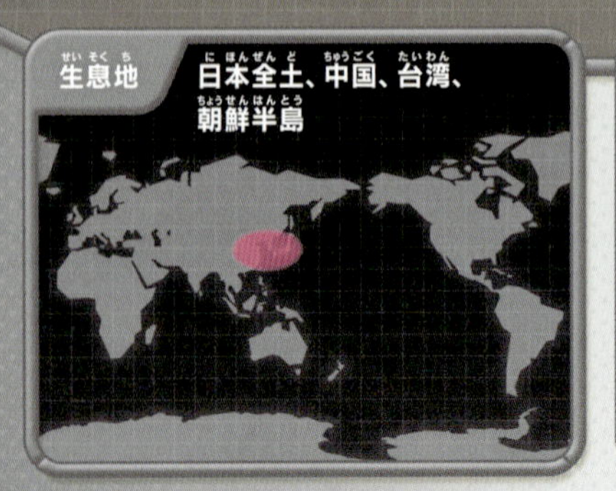

大きさ 体長 約12㎜（終齢幼虫）、開張 75～83㎜（成虫）

アリジゴクの巣。「地獄の底」でえものを待ちかまえる。
成虫（左上）はトンボににたすがたで、小さな昆虫などを
食べているようだが、くわしくわかっていない。

恐るべき昆虫の世界 ⑤

驚異の周期ゼミ

「17年ゼミと13年ゼミ」

北アメリカの東部〜南部には、17年または13年に一度だけ大発生するセミがいる。「17年ゼミ」とよばれる17年に一度大発生するものが3種、「13年ゼミ」とよばれる13年に一度のものが4種いて、まとめて周期ゼミともよばれる。

日本のアブラゼミの幼虫は地中で3〜5年過ごした後、地上に出て羽化するが、周期ゼミは羽化するまでに13年または17年かかる。しかも、アブラゼミとちがって、すむ場所によって成虫があらわれる年が決まっていて、同じ場所の17年ゼミは17年ごとにしか見られない。

2004年には、ニューヨークやワシントン周辺に50億ひき以上の17年ゼミがあらわれた。木や草にびっしりとセミがはりつき、一斉に鳴くのだから、うるさくてたまったものではない。

迷惑なのは鳴き声だけではない。セミの大群がしるを吸った木は枯れはて、大量のぬけがらや死体からくさいにおいがたちこめ、ぶつかってくるセミで交通が乱れることもある。

その一方で、十数年に一度のお祭りとして楽しむ地域もあり、セミのから揚げをふるまったりして盛り上がるという。

▲大発生した17年ゼミ

チョウ目

さわらなくても危険な毒ガ

チャドクガ（幼虫）

すがた
くらし
武器

細かい毒の毛がびっしり生えていて、人がささるととてもかゆくなる。毒の毛は抜けやすいので、風に飛ばされてきてささることもある。身近なツバキの木に大量発生し、たくさんの人がさされる事故も起きている。

じゅうぶん成長した幼虫には50万本もの毒の毛が生えている。毒の毛は、さなぎにも成虫にもついていて、さらに産卵するときに卵にもつく。

生息地 日本（本州、四国、九州）、中国、台湾、朝鮮半島

大きさ 体長 約25㎜（終齢幼虫）、開張 20～35㎜（成虫）

群れるチャドクガの幼虫。
チャドクガは成虫（右上）にも毒の毛があるので要注意だ。

カジリムシ目

人にすみつく小さな吸血鬼

ヒトジラミ

人の皮ふに寄生し、針のような口をつきさして血を吸う。ヒトジラミには、衣服にすみつくコロモジラミと、髪の毛にすみつくアタマジラミの２種類がいて、コロモジラミは血を吸ったときに悪い病気をうつすことがある。

3本の針のような口をつきさして血を吸う。吸われると、はげしいかゆみにおそわれる。

するどいかぎ爪のついた太いあしで、人の皮ふや毛にしっかりしがみつく。

生息地　世界各地

大きさ　体長 1.5～3.5㎜

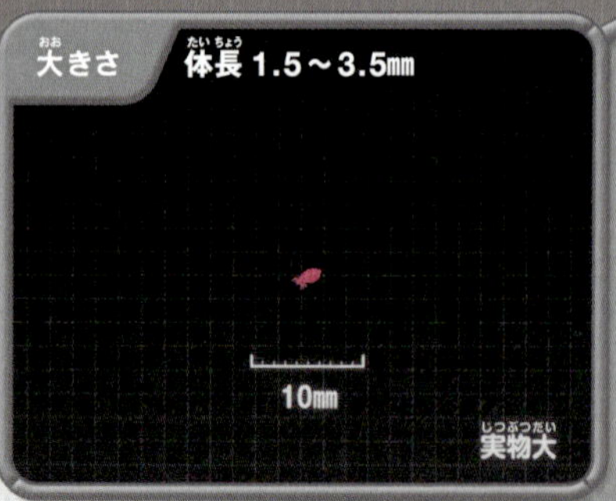

ノミ目

人の血も吸う

ネコノミ

体長の約100倍の高さまでジャンプすることができ、ネコやイヌ、人にもとびついて針のような口で血を吸う。人に危険な病気をうつすことはまずないが、血を吸われるととてもかゆく、水ぶくれができることも多い。

頭の毛で動物のはく息を感じる。全身の毛は血を吸う相手の体毛にからみつき、皮ふから落ちにくい。

強力な後ろあしで、動物の体にとびつく。

針のような口で血を吸う。

横幅がせまい体は、皮ふに生えた毛の間を移動しやすい。

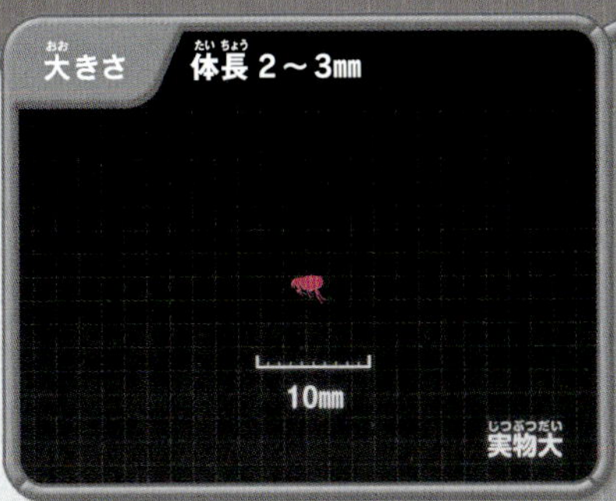

恐るべき昆虫の世界 ⑥

昆虫がもたらす病気

ペストを運ぶノミ

ペストはペスト菌がノミによってネズミから人へうつり、人から人へうつることでおきる病気だ。高熱や寒気などにみまわれ、数日で死にいたる。これまでに3度の大流行が記録されている。

1度目の流行は6世紀、地中海沿岸を中心に広まり、ある都市では毎日5000～1万人が死んだという。

有名なのは、14世紀にヨーロッパの人々を絶望させた2度目の大流行だ。アジアからペスト菌をもつノミとネズミが入ってきたのである。不作続きで飢えに苦しむ人々は、抵抗力がなかったため次々にペストで倒れ、なすすべもなく黒いあざをうき出させて死んでいった。そのようすから、ペストは「黒死病」とよばれ、またたく間にヨーロッパ全土へ広まった。

このときの死者は、全世界で7500万とも2億人ともいわれ、ヨーロッパの人口の約3分の1が失われたといわれる。

3度目は1894年に中国から世界へ広まり、最終的に約1000万人が亡くなった。ペストの原因がわかったのはこのときだ。香港で調査にあたった北里柴三郎博士が患者とネズミの血液からペスト菌を発見、さらにノミがそれをうつすこともつきとめたのである。

3度目の流行では日本にも初めてペストが上陸し、1926年までに2420人が命を落とした。しかし、北里や政府がネズミの駆除などペストの根絶につとめ、それ以来、国内でペスト患者は出ていない。

シラミに敗れたナポレオン

1804年にフランス皇帝となったナポレオンは、1812年、60万の大軍でロシアへ攻めこんだ。しかし失敗に終わり、フランスへ帰れた兵はわずか2万5000人だったという。

フランス兵の命をいちばん多くうばったのは、ロシア兵ではない。フランス軍の3分の2は、小さなシラミに「発しんチフス」という病気をうつされて死んだのである。ナポレオンは、この失敗をきっかけに敗れつづけ、皇帝の座を追われることになった。

▲ロシアのモスクワから逃げ帰るナポレオン(先頭)とフランス軍

クモ目

ドアつきの巣でまちぶせる

キシノウエトタテグモ

すがた
くらし
武器

地面にたて穴をほり、上開きのドアをつけた巣穴にひそむ。虫などが近づくとドアをあけ、すばやく飛びついて巣穴にひきずりこむ。糸でつくったドアには土がついていて、閉じているとどこに巣穴があるかわからない。

めすは触肢がとても長く、あしが10本あるように見える。

大きなあごでえものにかみつく。

生息地 日本（福島県以南の本州、四国、九州）

大きさ 体長 13～17㎜（めす）、体長 9～12㎜（おす）

ドアのついた巣穴に気づかず通りかかったえものを、
一瞬でとらえる。

クモ目

すばやく害虫を狩るクモ

アシダカグモ

歩きまわるクモのなかで日本最大。夜になると、家の中を長いあしですばやく歩きまわり、大きな牙で特にゴキブリなどの害虫をとらえて食べる。人がかまれることはほとんどなく、毒も人にはきかない。

長いあしで床や壁、天井をすばやく歩きまわる。

大きな牙でゴキブリなどにかみつき、消化液を流しこんでとかして食べる。

生息地　世界中の熱帯、亜熱帯

大きさ　体長 25～30㎜（めす）、体長 15～20㎜（おす）

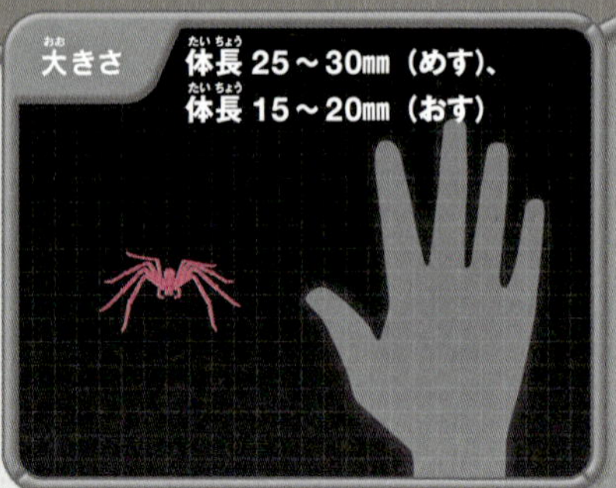

クモ目

日本各地に広まった毒グモ

セアカゴケグモ

網をはってねばる糸をたらし、くっついた虫をからめとって牙から強い毒を流しこむ。人がうっかりかまれた場合、きちんと手当てしないと重症になることもある。オーストラリアから入ってきて日本各地に広まった。

背中に赤いもようがあることから、この名でよばれる。

小さな触肢。

毒の牙が小さいため、流しこむ毒の量は少ない。

生息地 日本全土、オセアニア、東南アジア

大きさ 体長 7～10㎜（めす）

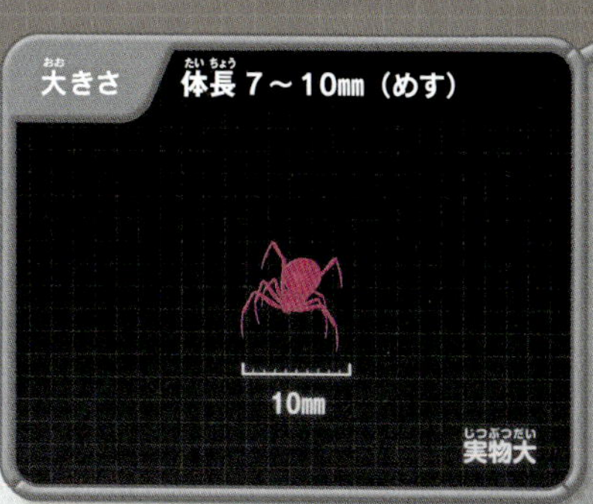

昆虫データ集

この本に登場した昆虫と昆虫以外の節足動物を、成長のしかたごとに五十音順で紹介している。気になった昆虫のページを見てみよう。

大きさのはかり方

昆虫によって、大きさの示しかたを変えています。角や大あごなどをふくめた長さを「全長」、頭から腹までの長さを「体長」、はねを広げた長さを「開張」といいます。カブトムシやクワガタムシなどは「全長」、チョウやガなどは「開張」、それ以外の昆虫、節足動物は「体長」であらわしています。

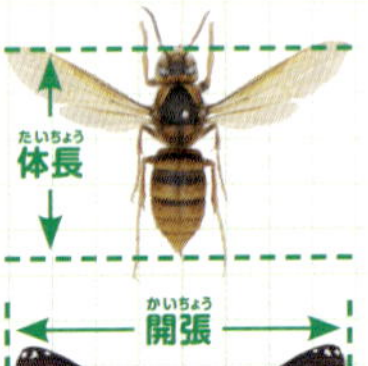

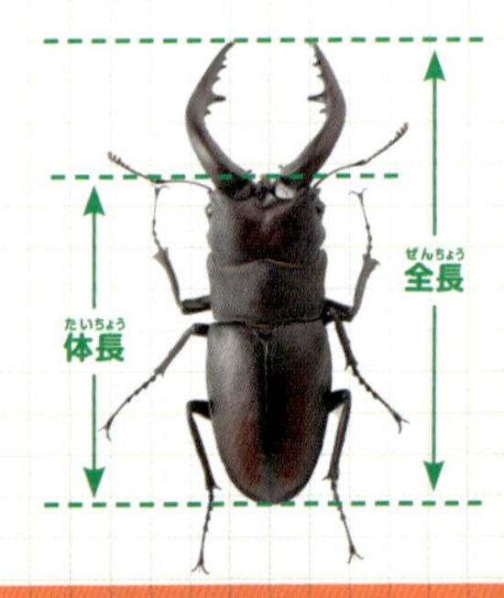

完全変態

アオバアリガタハネカクシ

▶ P.029

分類(目):コウチュウ目　大きさ:体長 約7㎜
生息地:アメリカ大陸をのぞく世界各地

アケビコノハ(幼虫)

▶ P.056

分類(目):チョウ目　大きさ:体長 約75㎜(終齢幼虫)、開張 95～105㎜(成虫)　生息地:日本全土、中国、台湾、東南アジア～インド

アリジゴク(ウスバカゲロウの幼虫)

▶ P.148

分類(目):アミメカゲロウ目　大きさ:体長 約12㎜(終齢幼虫)、開張75～83㎜(成虫)　生息地:日本全土、中国、台湾、朝鮮半島

アリノスシジミ(幼虫)

▶P.104

分類(目):チョウ目　大きさ:体長 約30㎜(終齢幼虫)

生息地:東南アジア～オーストラリア

ウマノオバチ

▶P.052

分類(目):ハチ目　大きさ:体長 15～24㎜

生息地:日本(本州、四国、九州)、台湾

オウサマナンバンダイコクコガネ

▶P.028

分類(目):コウチュウ目　大きさ:体長 約68㎜

生息地:東南アジア～インド

オオアゴヘビトンボ

▶P.137

分類(目):アミメカゲロウ目　大きさ:体長 約50㎜

生息地:北アメリカ～南アメリカ中部

オオカバマダラ

▶P.058

分類(目):チョウ目　大きさ:開張 約100㎜(幼虫)

生息地:北アメリカ～南アメリカ北部、西インド諸島、オーストラリア、ニュージーランドなど

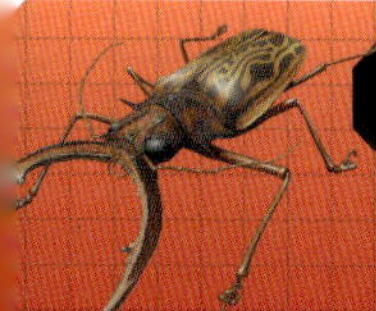

オオキバウスバカミキリ

▶P.086

分類(目):コウチュウ目　大きさ:全長 100～160㎜(おす)

生息地:中央アメリカ～南アメリカ南部

オオセイボウ

▶P.143

分類(目):ハチ目　大きさ:体長 13～19㎜

生息地:日本(本州、四国、九州、南西諸島)、台湾

キイロスズメバチ

▶P.142

分類(目):ハチ目　大きさ:体長 17～26㎜

生息地:日本(北海道～九州、屋久島)

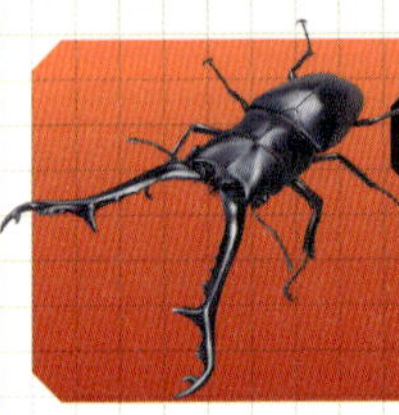

ギラファノコギリクワガタ

▶P.083

分類(目):コウチュウ目　大きさ:全長 35～118㎜(おす)

生息地:東南アジア～インド

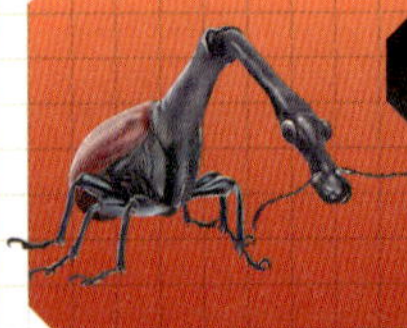

キリンクビナガオトシブミ

▶P.049

分類(目):コウチュウ目　大きさ:体長 14～22㎜

生息地:マダガスカル

キンアリスアブ(幼虫)

▶P.146

分類(目):ハエ目　大きさ:体長 約10㎜(終齢幼虫)

生息地:日本(本州、四国、九州)、朝鮮半島

クリシギゾウムシ

▶P.050

分類(目):コウチュウ目　大きさ:体長 6～10㎜

生息地:日本(本州、四国、九州)、中国、インド

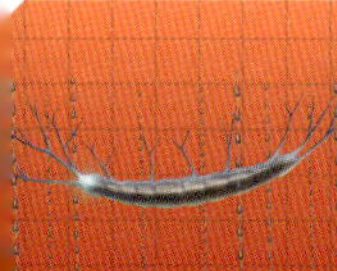

グローワーム（ヒカリキノコバエの幼虫）

▶P.108

分類（目）：ハエ目　大きさ：体長 約30mm（終齢幼虫）

生息地：オーストラリア、ニュージーランド

クロカタゾウムシ

▶P.088

分類（目）：コウチュウ目　大きさ：体長 11～15mm

生息地：日本（石垣島、西表島）

ゲンジボタル

▶P.134

分類（目）：コウチュウ目　大きさ：10～16mm

生息地：日本（本州、四国、九州）

コーカサスオオカブト

▶P.082

分類（目）：コウチュウ目　大きさ：全長 60～130mm（おす）

生息地：インドシナ半島、マレー半島、スマトラ島、ジャワ島

ゴライアスオオツノハナムグリ

▶P.085

分類（目）：コウチュウ目　大きさ：体長 最大約110mm

生息地：アフリカ中央部

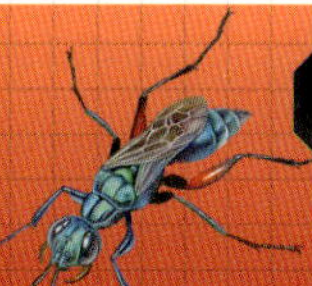

サトセナガアナバチ

▶P.144

分類（目）：ハチ目　大きさ：体長 15～18mm

生息地：日本（関東地方以西の本州、四国、九州）、中国、台湾、朝鮮半島

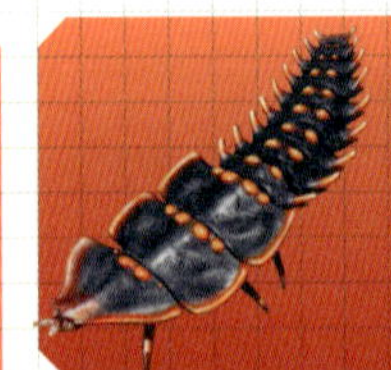

サンヨウベニボタル（めす）

▶ P.090

分類（目）：コウチュウ目　大きさ：体長 65～75㎜（めす）

生息地：東南アジア

シオヤアブ

▶ P.034

分類（目）：ハエ目　大きさ：体長 23～30㎜

生息地：日本全土、朝鮮半島

ジバクアリ

▶ P.106

分類（目）：ハチ目　大きさ：体長 約5㎜

生息地：マレーシア、ブルネイ

スズメバチネジレバネ

▶ P.068

分類（目）：ネジレバネ目　大きさ：体長 3～7㎜（おす）、13～30㎜（めす）

生息地：日本（本州）、台湾、中国、ベトナム

チャドクガ（幼虫）

▶ P.152

分類（目）：チョウ目　大きさ：体長 約25㎜（終齢幼虫）、開張 20～35㎜（成虫）　生息地：日本（本州、四国、九州）、中国、台湾、朝鮮半島

鉄道虫

▶ P.046

分類（目）：コウチュウ目　大きさ：体長 約30㎜（めす）

生息地：ブラジル

ドルーリーオオアゲハ

▶ P.100

分類（目）：チョウ目　大きさ：開張 約240㎜（おす）、約150㎜（めす）

生息地：アフリカ西部～中央部

ナミハンミョウ

▶ P.042

分類（目）：コウチュウ目　大きさ：体長 18～20㎜

生息地：日本（本州、四国、九州）

ニジイロクワガタ

▶ P.084

分類（目）：コウチュウ目　大きさ：全長 37～70㎜（おす）

生息地：オーストラリア、ニューギニア島

ニシキオオツバメガ

▶ P.101

分類（目）：チョウ目　大きさ：開張 約80㎜

生息地：マダガスカル

ネコノミ

▶ P.155

分類（目）：ノミ目　大きさ：体長 2～3㎜

生息地：世界各地

バイオリンムシ

▶ P.087

分類（目）：コウチュウ目　大きさ：体長 60～80㎜

生息地：マレー半島、スマトラ島、カリマンタン島、ジャワ島

ハエトリナミシャク（幼虫）

▶ P.054

分類（目）：チョウ目　大きさ：体長 約40㎜（終齢幼虫）

生息地：ハワイ諸島

ハマベオオハネカクシ

▶ P.136

分類（目）：コウチュウ目　大きさ：全長 16～23㎜

生息地：日本（北海道、青森県と岩手県の太平洋側）、サハリン

ヒジリタマオシコガネ

▶ P.026

分類（目）：コウチュウ目　大きさ：体長 約30㎜

生息地：地中海沿岸

ヒメシュモクバエ

▶ P.110

分類（目）：ハエ目　大きさ：体長 約5㎜

生息地：日本（石垣島、西表島）、台湾、東南アジア

ビロードスズメ（幼虫）

▶ P.053

分類（目）：チョウ目　大きさ：体長 約75㎜（終齢幼虫）

生息地：日本（本州、四国、九州）、台湾、朝鮮半島、中国、シベリア

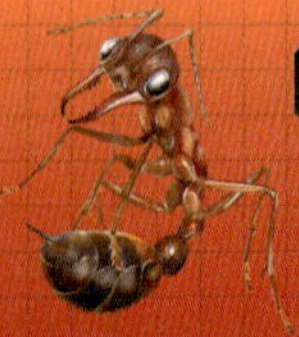

ブルドッグアリ

▶ P.022

分類（目）：ハチ目　大きさ：体長 14～26㎜（働きアリ）

生息地：オーストラリア

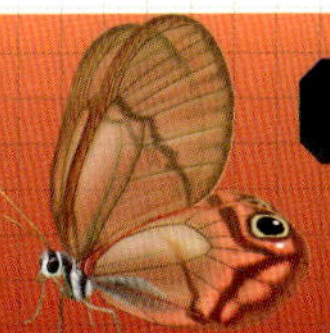

ベニスカシジャノメ

▶ P.102

分類（目）：チョウ目　**大きさ**：開張 約45㎜

生息地：中央アメリカ～南アメリカ中部

ヘルクレスオオカブト

▶ P.080

分類（目）：コウチュウ目　**大きさ**：全長 45～180㎜（おす）

生息地：メキシコ南部～南アメリカ中部、西インド諸島

ボウフラ、オニボウフラ（ヒトスジシマカ）

▶ P.132

分類（目）：ハエ目　**大きさ**：体長 約5㎜（ボウフラ）、2.4～3㎜（成虫）

生息地：世界中の熱帯、温帯

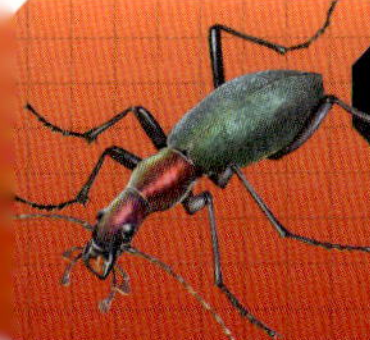

マイマイカブリ

▶ P.044

分類（目）：コウチュウ目　**大きさ**：体長 30～70㎜

生息地：日本（北海道～九州）

マルクビツチハンミョウ

▶ P.030

分類（目）：コウチュウ目　**大きさ**：体長 12～30㎜

生息地：日本（北海道～九州）、サハリン、朝鮮半島、中国東北部

ミカドアリバチ

▶ P.023

分類（目）：ハチ目　**大きさ**：体長 11～13㎜

生息地：日本（本州、四国、九州）

完全変態

ミツツボアリ

▶ P.020

分類（目）：ハチ目　大きさ：体長 約12㎜

生息地：オーストラリア、北アメリカ、アフリカ北部、アフリカ南部、メラネシア

ヤンバルテナガコガネ

▶ P.048

分類（目）：コウチュウ目　大きさ：体長 47～62㎜（おす）

生息地：日本（沖縄島北部）

ヨナグニサン

▶ P.060

分類（目）：チョウ目　大きさ：開張 約185㎜（おす）、約200㎜（めす）

生息地：日本（八重山諸島）、台湾、中国、インド、ヒマラヤ

不完全変態

アオバハゴロモ（幼虫）

▶ P.065

分類（目）：カメムシ目　大きさ：体長 約5㎜（終齢幼虫）

生息地：日本（本州～南西諸島）、台湾、朝鮮半島、中国

アリカツギツノゼミ

▶ P.094

分類（目）：カメムシ目　大きさ：約5㎜

生息地：北アメリカ南部～南アメリカ

オニヤンマ

▶ P.130

分類（目）：トンボ目　大きさ：体長 82～114㎜

生息地：日本全土、台湾、中国

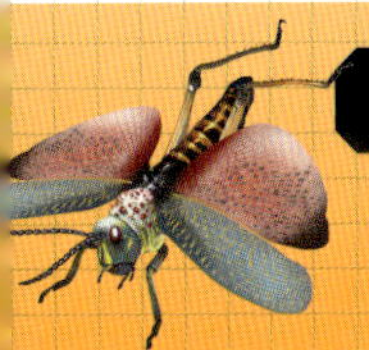

キイロトゲムネバッタ

▶ P.018

分類（目）：バッタ目　**大きさ**：体長 約70㎜

生息地：マダガスカル

クロイワゼミ

▶ P.064

分類（目）：カメムシ目　**大きさ**：体長 18～23㎜

生息地：日本（沖縄島、久米島）

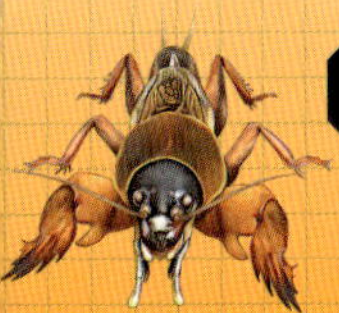

ケラ

▶ P.019

分類（目）：バッタ目　**大きさ**：体長 30～35㎜

生息地：日本全土、熱帯アジア、ヨーロッパ、アフリカ北部、オーストラリア

サカダチコノハナナフシ

▶ P.091

分類（目）：ナナフシ目　**大きさ**：体長 150～180㎜（めす）

生息地：東南アジア

サバクトビバッタ

▶ P.116

分類（目）：バッタ目　**大きさ**：体長 40～60㎜

生息地：アフリカ西部～インド北部

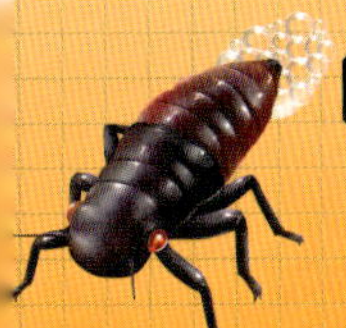

シロオビアワフキ（幼虫）

▶ P.066

分類（目）：カメムシ目　**大きさ**：体長 約8㎜（終齢幼虫）、11～12㎜（成虫）　**生息地**：日本（北海道～九州）、朝鮮半島、中国、シベリア

タガメ

▶ P.126

分類（目）: カメムシ目　**大きさ:** 体長 48～65㎜
生息地: 日本全土、中国、台湾、朝鮮半島

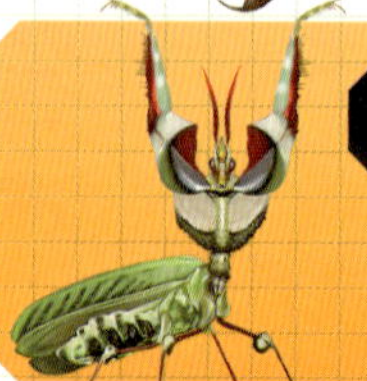

ニセハナマオウカマキリ

▶ P.016

分類（目）: カマキリ目　**大きさ:** 体長 100～130㎜
生息地: アフリカ東部

ハナカマキリ

▶ P.092

分類（目）: カマキリ目　**大きさ:** 体長 約45㎜（終齢幼虫）、約70㎜（めす成虫）　**生息地:** 東南アジア

ヒトジラミ

▶ P.154

分類（目）: カジリムシ目　**大きさ:** 体長 1.5～3.5㎜
生息地: 世界各地

ヒメマルゴキブリ

▶ P.071

分類（目）: ゴキブリ目　**大きさ:** 体長 11～12㎜（めす）
生息地: 日本（九州南部～南西諸島）、台湾

兵隊アブラムシ（タケツノアブラムシ）

▶ P.032

分類（目）: カメムシ目　**大きさ:** 体長 約1.5㎜
生息地: 日本全土

ミカンキイロアザミウマ

▶ P.070

分類（目）： アザミウマ目　**大きさ：** 体長 1～1.5㎜

生息地： 高温地帯をのぞく世界中

ヤゴ（ギンヤンマ）

▶ P.128

分類（目）： トンボ目　**大きさ：** 体長 約50㎜（終齢幼虫）、約70㎜（成虫）

生息地： 日本全土、東アジア

ユカタンビワハゴロモ

▶ P.098

分類（目）： カメムシ目　**大きさ：** 体長 80～100㎜

生息地： 中央アメリカ～南アメリカ北部

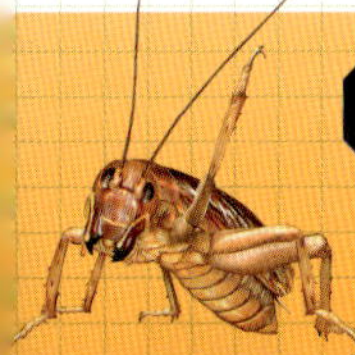

リオック

▶ P.072

分類（目）： バッタ目　**大きさ：** 体長 約100㎜

生息地： インドネシア

ヤマトシミ

▶ P.147

分類（目）： シミ目　**大きさ：** 体長 約10㎜

生息地： 日本全土、中国、台湾、インドネシア、インドなど

アシダカグモ

▶ P.160

分類（目）： クモ目　**大きさ：** 体長 25～30㎜（めす）、15～20㎜（おす）

生息地： 世界中の熱帯、亜熱帯

アマミサソリモドキ

▶ P.075

分類（目）：サソリモドキ目　**大きさ**：体長 40～50㎜
生息地：日本（九州南部～沖縄諸島、八丈島）

アラブサメヒヨケムシ

▶ P.122

分類（目）：ヒヨケムシ目　**大きさ**：体長 約150㎜
生息地：アフリカ北部～中東

オブトサソリ（デスストーカー）

▶ P.120

分類（目）：サソリ目　**大きさ**：体長 50～110㎜
生息地：アフリカ北部～中東

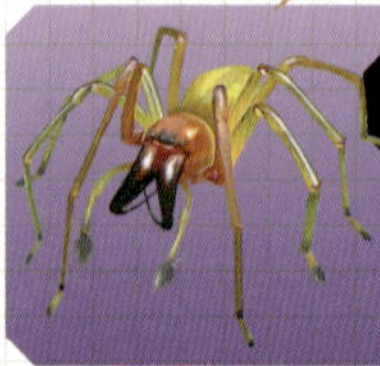

カバキコマチグモ

▶ P.036

分類（目）：クモ目　**大きさ**：体長 10～15㎜（おす）、18～20㎜（めす）
生息地：日本（北海道～九州）

キシノウエトタテグモ

▶ P.158

分類（目）：クモ目　**大きさ**：体長 13～17㎜（めす）、9～12㎜（おす）
生息地：日本（福島県以南の本州、四国、九州）

セアカゴケグモ

▶ P.161

分類（目）：クモ目　**大きさ**：体長 7～10㎜（めす）
生息地：日本全土、オセアニア、東南アジア

タカサゴキララマダニ

▶ P.038

分類（目）：ダニ目　**大きさ：**体長 約5㎜（吸血後 約25㎜）

生息地：日本（関東地方以南の本州〜南西諸島）、中国、東南アジア

タンザニアバンデッドオオウデムシ

▶ P.076

分類（目）：ウデムシ目　**大きさ：**体長 約30㎜

生息地：アフリカ中央部〜南部

ペルビアンジャイアントオオムカデ

▶ P.112

分類（目）：オオムカデ目　**大きさ：**体長 200〜400㎜

生息地：ブラジル〜ペルー

ミズグモ

▶ P.138

分類（目）：クモ目　**大きさ：**体長 9〜15㎜（めす）、10〜12㎜（おす）

生息地：日本（北海道〜九州）、ヨーロッパ

モエギザトウムシ

▶ P. 074

分類（目）：ザトウムシ目　**大きさ：**体長 3〜4㎜

生息地：日本（北海道〜九州）

監修　岡島 秀治
生物イラスト　西村 光太（p.16-76、p.116-122、125）／橋爪 義弘（p.80-112、p.126-138）／横山 拓彦（p.142-161）
背景イラスト　松永 拓馬
写真・資料　アマナ／アフロ／小笠原 成能／岡島 秀治／学研写真資料室／ゲッティイメージズ／佐野市葛生化石館／フォトライブラリー／北海道立文書館／PIXTA／PPS通信社
編集協力　ハユマ
装丁・デザイン　菅 渉宇（スガデザイン）
校正　佐野 秀好／タクトシステム
企画編集　杉田 祐樹

最恐昆虫大百科

2017年8月8日　第1刷発行

発行人　黒田 隆暁
編集人　芳賀 靖彦
発行所　株式会社 学研プラス
〒141-8415 東京都品川区西五反田 2-11-8
印刷所　図書印刷株式会社

NDC486　176P　182㎜×131㎜

《お客様へ》
■この本に関する各種お問い合わせ先
【電話の場合】
編集内容については　Tel. 03-6431-1281（編集部直通）
在庫・不良品（乱丁、落丁）については　Tel. 03-6431-1197（販売部直通）
【文書の場合】
〒141-8418 東京都品川区西五反田 2-11-8
学研お客様センター『最恐昆虫大百科』係
○この本以外の学研商品に関するお問い合わせは下記まで
Tel. 03-6431-1002（学研お客様センター）
■学研の書籍・雑誌についての新刊情報・詳細情報は、下記をご覧ください。
学研出版サイト　http://hon.gakken.jp/
※表紙の角が一部とがっていますので、お取り扱いには十分ご注意ください。